技工院校“十四五”规划计算机广告制作专业系列教材
中等职业技术学校“十四五”规划艺术设计专业系列教材

印刷工艺

李竞昌　阳彤　麦健民 主编
黄汝杰　副主编

華中科技大學出版社
http://press.hust.edu.cn
中国·武汉

内容提要

本书依据印刷企业对印刷人才的技能需求，结合职业教育的教学理念进行编写，在编写体例上与技工院校倡导的教学设计项目化、任务化，课程设计教学一体化，工作任务典型化，知识和技能要求具体化等要求紧密结合。本书项目一讲解印刷工艺，项目二讲解印刷图像复制原理中的印刷色彩复制技术，项目三讲解印刷图像复制原理中的印刷阶调层次复制技术，项目四讲解常用几种印刷工艺，项目五讲解印前处理，项目六讲解印后加工，项目七讲解承印材料。

图书在版编目（CIP）数据

印刷工艺 / 李竞昌，阳彤，麦健民主编 . — 武汉：华中科技大学出版社，2023.2

ISBN 978-7-5680-9078-0

Ⅰ．①印… Ⅱ．①李… ②阳… ③麦… Ⅲ．①印刷－生产工艺 Ⅳ．① TS805

中国国家版本馆 CIP 数据核字 (2023) 第 008125 号

印刷工艺

Yinshua Gongyi

李竞昌　阳彤　麦健民　主编

策划编辑：金　紫

责任编辑：周江吟

装帧设计：金　金

责任监印：朱　玢

出版发行：华中科技大学出版社（中国·武汉）　　电　话：（027）81321913

武汉市东湖新技术开发区华工科技园　　邮　编：430223

录　排：天津清格印象文化传播有限公司

印　刷：湖北新华印务有限公司

开　本：889mm × 1194mm　1/16

印　张：7.75

字　数：245 千字

版　次：2023 年 2 月第 1 版第 1 次印刷

定　价：48.00 元

技工院校“十四五”规划计算机广告制作专业系列教材
中等职业技术学校“十四五”规划艺术设计专业系列教材
编写委员会名单

总主编

文健，教授，高级工艺美术师，国家一级建筑装饰设计师。全国优秀教师，2008 年、2009 年和 2010 年连续三年获评广东省技术能手。2015 年被广东省人力资源和社会保障厅认定为首批广东省室内设计技能大师，2019 年被广东省教育厅认定为建筑装饰设计技能大师。中山大学客座教授，华南理工大学客座教授，广州大学建筑设计研究院室内设计研究中心客座教授。出版艺术设计类专业教材 120 种，拥有具有自主知识产权的专利技术 130 项。主持省级品牌专业建设、省级实训基地建设、省级教学团队建设 3 项。主持 100 余项室内设计项目的设计、预算和施工，项目涉及高端住宅空间、办公空间、餐饮空间、酒店、娱乐会所、教育培训机构等，获得国家级和省级室内设计一等奖 5 项。

合作编写单位

（1）合作编写院校

广州市工贸技师学院
佛山市技师学院
广东省城市技师学院
广东省轻工业技师学院
广州市轻工技师学院
广州白云工商技师学院
广州市公用事业技师学院
山东技师学院
江苏省常州技师学院
广东省技师学院
台山敬修职业技术学校
广东省国防科技技师学院
广州华立学院
广东省华立技师学院
广东花城工商高级技工学校
广东岭南现代技师学院
广东省岭南工商第一技师学院
阳江市第一职业技术学校
阳江技师学院
广东省粤东技师学院
惠州市技师学院
中山市技师学院
东莞市技师学院
江门市新会技师学院
台山市技工学校
肇庆市技师学院
河源技师学院
广州市蓝天高级技工学校
茂名市交通高级技工学校
广州城建技工学校
清远市技师学院
梅州市技师学院
茂名市高级技工学校
汕头技师学院
广东省电子信息高级技工学校
东莞实验技工学校
珠海市技师学院
广东省机械技师学院
广东省工商高级技工学校
深圳市携创高级技工学校
广东江南理工高级技工学校
广东羊城技工学校
广州市从化区高级技工学校
肇庆市商业技工学校
广州造船厂技工学校
海南省技师学院
贵州省电子信息技师学院
广东省民政职业技术学校
广州市交通技师学院
广东机电职业技术学院
中山市工贸技工学校
河源职业技术学院
山东工业技师学院
深圳市龙岗第二职业技术学校

（2）合作编写组织

广州市赢彩彩印有限公司
广州市壹管念广告有限公司
广州市璐鸣展览策划有限责任公司
广州波镨展览设计有限公司
广州市风雅颂广告有限公司
广州质本建筑工程有限公司
广东艺博教育现代化研究院
广州正雅装饰设计有限公司
广州唐寅装饰设计工程有限公司
广东建安居集团有限公司
广东岸芷汀兰装饰工程有限公司
广州市金洋广告有限公司
深圳市千千广告有限公司
广东飞墨文化传播有限公司
北京迪生数字娱乐科技股份有限公司
广州易动文化传播有限公司
广州市云图动漫设计有限公司
广东原创动力文化传播有限公司
菲逊服装技术研究院
广州珈钰服装设计有限公司
佛山市印艺广告有限公司
广州道恩广告摄影有限公司
佛山市正和凯歌品牌设计有限公司
广州泽西摄影有限公司
Master 广州市熳大师艺术摄影有限公司

序 言

习近平总书记在二十大报告中提出，推进文化自信自强，铸就社会主义文化新辉煌，全面建设社会主义现代化国家，必须坚持中国特色社会主义文化发展道路，增强文化自信，围绕举旗帜、聚民心、育新人、兴文化、展形象建设社会主义文化强国。

技工教育和中职中专教育是中国职业技术教育的重要组成部分，主要承担培养高技能产业工人和技术工人的任务。随着“中国制造 2025”战略的逐步实施，建设一支高素质的技能人才队伍是实现规划目标的必备条件。如今，国家对职业教育越来越重视，技工和中职中专院校的办学水平已经得到很大的提高，进一步提高技工和中职中专院校的教育、教学和实训水平，提升学生的职业技能，弘扬和培育工匠精神，已成为技工院校和中职中专院校的共同目标。而高水平专业教材建设无疑是技工院校和中职中专院校教育特色发展的重要抓手。

本套规划教材以国家职业标准为依据，以综合职业能力培养为目标，以典型工作任务为载体，以学生为中心，根据典型工作任务和工作过程设计教学项目和学习任务。同时，按照工作过程和学生自主学习的要求进行内容设计，实现理论教学与实践教学合一、能力培养与工作岗位对接合一、实习实训与顶岗工作合一。

本套规划教材的特色在于，在编写体例上与技工院校倡导的“教学设计项目化、任务化，课程设计教、学、做一体化，工作任务典型化，知识和技能要求具体化”紧密结合，体现任务引领实践的课程设计思想，以典型工作任务和职业活动为主线设计教材结构，以职业能力培养为核心，将理论教学与技能操作相融合作为课程设计的抓手。本套规划教材在理论讲解环节做到简洁实用、深入浅出；在实践操作训练环节体现以学生为主体的特点，创设工作情境，强化教学互动，让实训的方式、方法和步骤清晰，可操作性强，并能激发学生的学习兴趣，促进学生主动学习。

本套规划教材由全国 50 余所技工院校和中职中专院校广告设计专业共 60 余名一线骨干教师与 20 余家广告设计公司一线广告设计师联合编写。校企双方的编写团队紧密合作，取长补短，建言献策，让本套规划教材更加贴近专业岗位的技能需求，也让本套规划教材的质量得到了充分的保证。衷心希望本套规划教材能够为我国职业教育的改革与发展贡献力量。

技工院校“十四五”规划计算机广告制作专业系列教材
中等职业技术学校“十四五”规划艺术设计专业系列教材　总主编

教授 / 高级技师　**文健**

2023 年 1 月

前言

中国经济的飞速发展带动了出版印刷业的繁荣，也扩大了对印刷专业技术人员的需求，作为培养印刷行业专业技术人员的职业院校，编写一本实用的印刷工艺教材显得非常迫切。

本书在编写过程中，重点处理理论基础与实际应用的关系，用简洁易懂的方式突出重点，充分提高学生分析和解决实际问题的能力。本书以印刷工艺基础为主导，对五大印刷方式，即平版印刷、凸版印刷（柔性版）、凹版印刷、孔版印刷和数字印刷，分别进行了详细介绍，并结合印刷实训进行分析。本书不仅加深了学生对印刷工艺的理解，也提高了学生的印刷专业技能。

本书适合作为印刷出版行业职业院校的教科书，同时也适合作为印刷包装工作者的技术参考书。本书共分为七个项目：项目一、项目二、项目三、项目五，以及项目四的学习任务三、学习任务四、学习任务五，由广东省城市技师学院的李竞昌老师编写；项目四的学习任务一、学习任务二由广东省城市技师学院的黄汝杰老师编写；项目六、项目七由广东省轻工业技师学院的阳彤老师和广州市赢彩彩印有限公司的麦健民老师共同编写。

由于编者教学经验及专业能力有限，本书可能存在一些不足之处，敬请读者批评指正。

李竞昌

2022 年 10 月

课时安排（建议课时 84）

项目	课程内容	课时	
项目一 印刷工艺概述		8	8
项目二 印刷色彩复制技术	学习任务一　色光三原色、色光加色法	4	12
	学习任务二　色料三原色、色料减色法	4	
	学习任务三　印刷分色与色彩还原	4	
项目三 印刷阶调层次复制技术	学习任务一　网点复制技术	4	12
	学习任务二　网点覆盖率、网点角度、网点形状、加网线数	4	
	学习任务三　网点颜色再现与阶调复制	4	
项目四 常用几种印刷工艺介绍	学习任务一　平版印刷工艺及应用	4	20
	学习任务二　凸版（柔性版）印刷工艺及应用	4	
	学习任务三　凹版印刷工艺及应用	4	
	学习任务四　孔版印刷工艺及应用	4	
	学习任务五　数字印刷工艺及应用	4	
项目五 印前处理概述	学习任务一　印前常用软件	4	12
	学习任务二　图形、图像处理	4	
	学习任务三　印前检查	4	
项目六 印后加工概述	学习任务一　纸品印刷表面加工	4	12
	学习任务二　书籍装订	4	
	学习任务三　纸盒加工	4	
项目七 承印材料概述	学习任务一　印刷常用纸张	4	8
	学习任务二　其他承印材料	4	

目录

项目一
印刷工艺概述

教学目标

（1）专业能力：能理解印刷工艺的概念、类别、价值和作用，认识和掌握印刷的各种规范、程序和操作方法。

（2）社会能力：关注各类印刷品，能对其印刷工艺的步骤、原理进行分析和思考。

（3）方法能力：信息和资料收集能力、案例分析能力、归纳总结能力。

学习目标

（1）知识目标：了解印刷工艺的基本概念，掌握常用印刷工艺原理、方法及其特点。

（2）技能目标：能针对不同印刷品或印刷内容选择相应的印刷工艺。

（3）素质目标：能根据任务制定学习计划，培养时间观念。

教学建议

1. 教师活动

（1）教师通过引导学生收集相关印刷案例，并对印刷案例的相关知识点进行分析，让学生更直观地认知和理解印刷工艺。

（2）运用多媒体课件、教学图片、教学视频等各种教学手段，鼓励学生对所学印刷工艺内容进行概括和总结。

2. 学生活动

（1）根据教师展示的相关印刷案例，对不同案例进行分析，并制作 PPT 汇报讲解，从而提升分析和表达能力。

（2）突出学以致用的目标，学生在学习印刷工艺的概念过程中，能够加深对印刷的认识和理解。

一、学习任务导入

中国印刷技术的发展历程如下。

（1）记录方法的变化。

结绳记事（图 1-1）→刻木记事（图 1-2）→图画→文字。

（2）文字的变化。

甲骨文→金文→小篆→隶书→楷书。

（3）记录工具的变化。

甲骨、青铜器→竹简、绢、帛→纸。

刻刀→毛笔（松烟墨、朱砂、石墨、漆、墨鱼墨汁）。

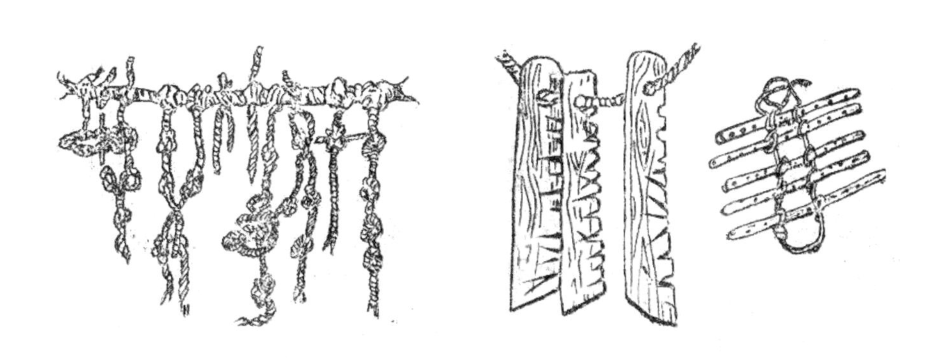

图 1-1 结绳记事　　图 1-2 刻木记事

二、学习任务讲解

1. 印刷工艺概念

印刷是用印版或其他方式将原稿上的图文信息转移到承印物上的工艺技术，包含印前、印刷、印后加工等流程。而印刷工艺则是实现印刷的各种规范、程序和操作方法及用来复制的实用技术。

印刷工艺可分为两种：一种是作为图像与文字复制的技术，是把触觉、视觉等信息进行复制印刷的全部过程；另一种是结合美术、摄影、化学、材料、环保、电子、电脑软体等的超强印刷技术，其受到美术设计对造型美感和审美思想的影响、摄影技术对图像信息的影响、化学性质对印刷原理的影响、材料属性对印刷效果的影响、电子技术对印刷发展的影响、电脑软件对印刷管理和设计的影响等。

中国是最早出现印刷工艺的国家，中国也是四大文明古国之一。印章是我国历史上出现的早期印刷技术的产物，约在殷代就已经有大量由石、陶、骨、金属等制作的印章。早期多为阴文印章（图 1-3），即文字凹于印面，后来又出现了阳文印章（图 1-4），即文字凸出于印面。印章在历史上主要是作为记号或标记的证明，而不是以复制为主要目的的工艺形式，但是简单的印章中包含了复制技术中凹版及凸版的原理，对我们认识印刷技术的发明起到十分重要的作用。

图 1-3 阴文印章

图 1-4 阳文印章

2. 印刷工艺及其内容

印刷工艺包括了普通印刷工艺和特种印刷工艺。

（1）普通印刷工艺。

①烫金：热压转移印刷，简称热移印，俗称烫金、烫银，与热移印相对的还有冷移印。烫金如图 1-5 和图 1-6 所示。

② UV: 紫外线，全称 UV 透明油，指依靠紫外线照射干燥固化油墨。UV 通常是丝印工艺，但也有胶印 UV。如图 1-7 所示。

图 1-5 烫金 1

图 1-6 烫金 2

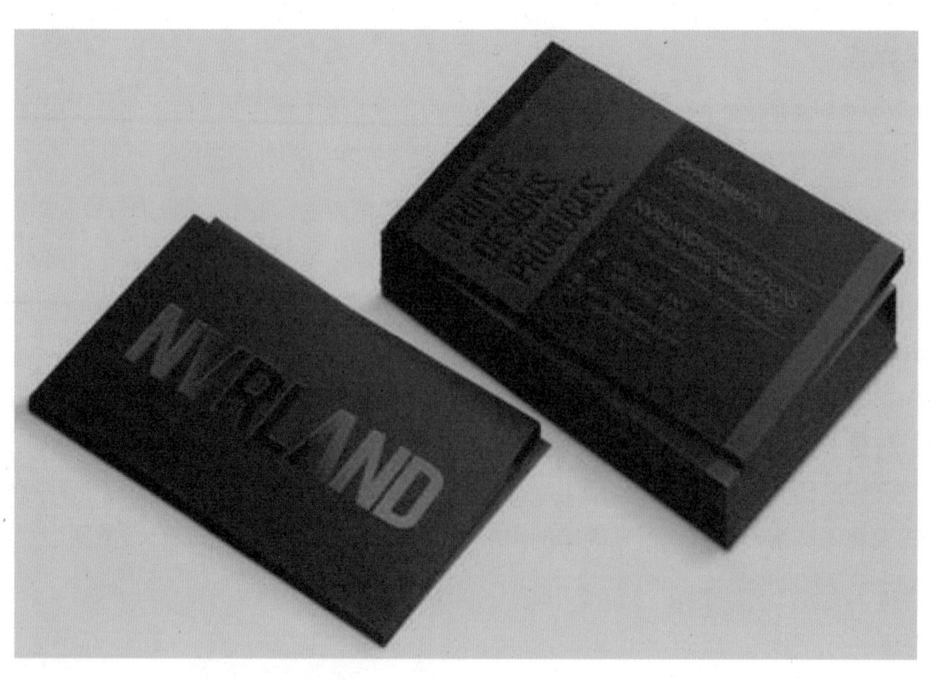

图 1-7 UV

③起凸、压凹、压纹：压印，指依靠压力使承印物体产生局部变化形成图案的工艺。该工艺通常使金属版腐蚀后成为压版和底版进行压合，可分为便宜的普通腐蚀版和昂贵的激光雕刻版。如图 1-8 ～图 1-10 所示。

图 1-8 起凸

图 1-9 压凹

图 1-10 压纹

④啤：模切。模切工艺就是根据印刷品的设计要求制作专门的模切刀，然后在压力的作用下将印刷品或其他承印物轧切成所需形状或切痕的成型工艺。该工艺适用于以 150 克以上的纸为原材料的产品，应尽量避免贴近切线的图案和线条。如图 1-11 所示。

⑤金聪：在纸上先过一层胶水，再往胶水上撒金粉。如图 1-12 所示。

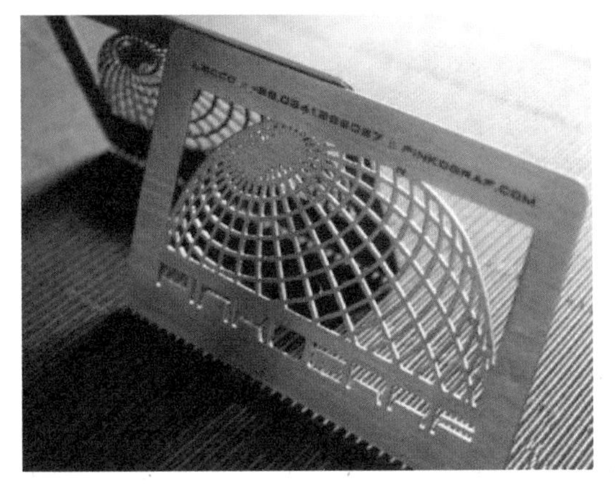

图 1-11 啤

图 1-12 金聪

⑥ YO：弹簧一样的物体，塑料居多，一般用在挂历和笔记本的书脊上，翻页连接时使用。如图 1–13 所示。

⑦过胶：给印好的纸张压一层透明的塑料胶膜，有水晶膜、光膜和亚光膜。

⑧针孔：针线、牙线，指给纸张压出一道半连接的线条，通常出现在包装开口处。

⑨打孔：按要求和尺寸给一张纸或多张纸打孔，有专门的打孔机。

⑩植绒：给纸刷胶，然后贴一层类似绒毛的物质，让纸摸上去有绒布的感觉。如图 1–14 所示。

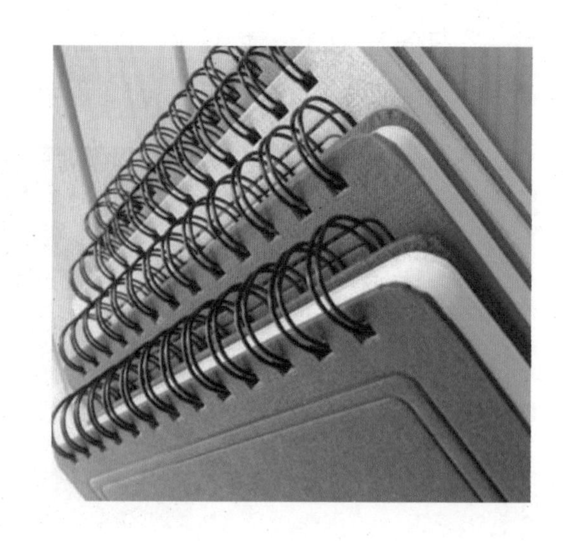

图 1–13 YO

（2）特种印刷工艺。

①喷墨印刷。

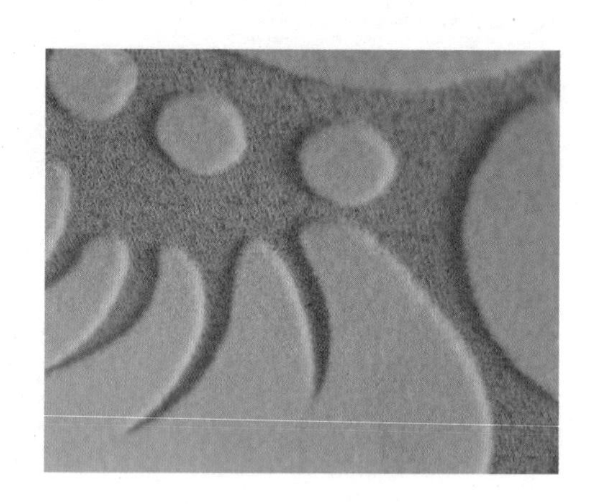

图 1–14 植绒

喷墨印刷是一种高效的特种印刷方式，常用于包装工业生产线，可以快速打印生产日期、批号和条形码等内容。喷墨印刷属于无压印刷，并且使用的油墨种类多样，因此其承印物范围非常广泛，并为包装生产线提供了很大的自由。随着数字技术的不断进步，喷墨印刷快速发展，一些技术问题得到完美解决，使得喷墨印刷产品质量有了不小的提升。目前一些高端的喷墨印刷产品在色调层次、清晰度、饱和度等方面都接近于传统印刷的水平。喷墨工艺的固有优势也得到进一步发挥，如印刷速度加快、印刷准确性提高等。在与数据库结合后，喷墨印刷完全能够胜任可变数据印刷，这就为包装印品的差异化、个性化生产带来了可能。如果采用最新的 JDF 生产标准，喷墨印刷设备也容易融入整个印厂的数字化生产流程，从而实现更佳的设备控制以及更高的生产效率。喷墨印刷两个主要特点是按需印刷和个性化。这两个特点可以满足印刷市场不断涌现的新需求。

②防伪印刷。

防伪印刷在包装、装潢产品印刷中应用广泛。随着人们品牌意识的不断提高和知识产权保护力度的加大，防伪印刷具有广阔的市场前景。常见的防伪方式有激光全息防伪、特种油墨防伪、制版与印刷工艺防伪、特种纸张防伪等。其中，前三种防伪方式常用于包装、装潢印刷。采用激光全息防伪技术，包装产品不但具有直观的防伪效果，同时精美的印刷图案色彩绚烂、熠熠生辉，还能够吸引消费者注意。因此，这种技术适用于包装品印刷。采用特种油墨防伪技术成本较低，一般情况下不需要添加额外的设备，对现有印刷工艺的改造也不是很大。目前有很多产品采用这种防伪技术，可以提高印刷产品附加值，投入少、见效快。制版与印刷工艺防伪是一种综合的防伪方式，这项技术也是应人们对高质量包装品的需求而生的。该技术将多种印刷设备综合使用、多种印刷工艺相互渗透、多种工序相互结合，并引入一些独有的特殊印刷方式，使得最终产品具有较强的防伪功能，但同时也增加了生产成本及生产复杂程度。这项技术会对印厂的生产水平提出较高要求，印刷厂必须拥有高稳定性和高精度的印刷设备、完善的质量控制与管理系统，以及经验丰富的熟练的技术人员，这些都是提高产品附加值的有力保证。

3. 印刷工艺的价值

平面设计大部分为纸媒，其最终都要通过印刷产生实际的成品。如果设计师不懂印刷工艺，即使电子稿别具特色，却无法通过印刷实现，作品就无法进入市场。例如，RPG 颜色是电脑色，颜色鲜艳，而 CMYK 是印刷色，颜色偏暗，因此印刷是无法用 RGB 来实现的，如果设计师提交的印刷作品是 RGB 格式，最终的成品颜色会有严重偏差。

因此，设计师必须了解一定的印刷工艺的知识，这样在后期作品落地时就能避免很多问题，也使作品建立在一个可实现的基础上。

印刷工艺是平面广告设计的一部分，设计师设计出来的作品和印刷出来的成品，在颜色和层次构成上有很大不同。另外，设计师必须和印刷企业紧密沟通，有效控制设计稿和印刷稿之间的色差，实现产品的最优化处理。同时，设计师也需要了解各种常用的印刷工艺，这些工艺往往能制作出特殊的效果，如烫金、烫银、UV、特殊油墨印刷、3D 光栅印刷等。只有掌握了这些印刷工艺效果，才能使设计作品富有变化、更加出色，从而提高其商业价值。

平面设计作品在我们的日常生活中越来越常见，带给我们的视觉享受非常直观。意蕴悠长的海报、琳琅满目的商品包装、精美的书籍装帧，都给人们的日常生活增添了情趣，如图 1-15 ~ 图 1-18 所示。然而，这些平面设计作品都必须通过印刷来实现。

图 1-15 海报印刷 1

图 1-16 海报印刷 2

图 1-17 包装印刷

图 1-18 书籍装帧设计印刷

三、学习任务小结

通过本次课的学习，同学们已经初步了解了印刷工艺的概念、类别、价值和作用。了解了普通印刷工艺和特种印刷工艺的类别和各自的特点。课后，大家要收集相关印刷作品，并对其工艺技术进行分析。

四、课后作业

每位同学对印刷工艺的概念进行陈述，收集印刷工艺涉及的相关内容和资料。

项目二

印刷色彩复制技术

学习任务一 色光三原色、色光加色法

学习任务二 色料三原色、色料减色法

学习任务三 印刷分色与色彩还原

色光三原色、色光加色法

教学目标

（1）专业能力：了解色光三原色和色光加色法的基本概念。

（2）社会能力：理解色光三原色和色光加色法的应用方法。

（3）方法能力：信息和资料收集能力，案例分析、归纳、总结能力。

学习目标

（1）知识目标：了解色光三原色的定义，掌握色光三原色和色光加色法的应用方法。

（2）技能目标：能理解色光三原色和颜料三原色的区别。

（3）素质目标：能够根据任务制定学习计划，培养时间观念。

教学建议

1. 教师活动

教师讲解色光三原色和色光加色法的基本概念，让学生更直观认知和理解色光三原色和色光加色法。

2. 学生活动

认真聆听教师讲解色光三原色和色光加色法的基本概念，并进行理解和分析。

一、学习任务导入

在日常生活中我们会发现一个有趣的现象，就是大家在针对自己拍摄的照片做后期处理的时候，通常倾向于对照片的颜色进行改动和调整，使其色彩更加艳丽，对比度更强，视觉效果更加美观。色彩是视觉美感形成的直观因素，而调整色彩需要一定的方法和技巧。

二、学习任务讲解

1. 色光三原色

色彩的三原色通常可分为两类：一类是色光三原色，另一类是色料三原色。在美术上为了区分色光三原色与色料三原色，称色光三原色为三基色，而色料三原色为三原色。

生活中常见的青、品红、黄，是用于印刷的油墨三原色，手机、电脑、相机所显示的红、绿、蓝，则是色光三原色。由于红色的英文单词是 red，绿色的英文单词是 green，蓝色的英文单词是 blue，三组单词的首字母组合在一起，就是 RGB。如图 2-1 所示。

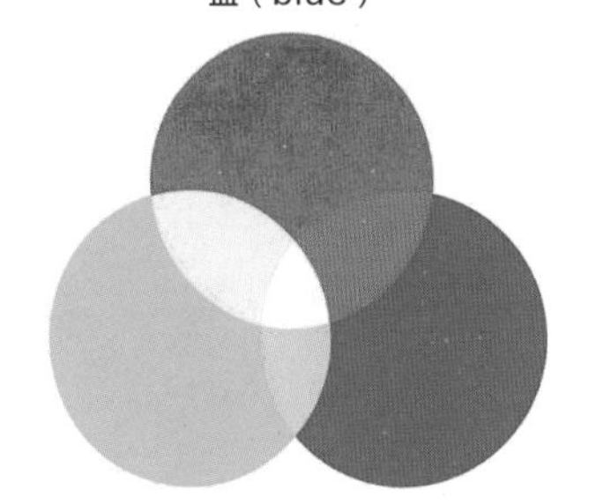

图 2-1 色光三原色

色光混合是分别用朱红、翠绿和蓝紫这 3 种光以相同的比例混合，且达到一定的强度，叠加后得到的是白色（白光），如图 2-2 所示。RGB 图像只使用这 3 种颜色为图像中每一个像素的 RGB 分量分配一个 0 ~ 255 范围内的强度值，使它们按照不同的比例混合，在屏幕上重现 16777216 种颜色。在 RGB 模式下，每种 RGB 成分都可使用从 0（黑色）到 255（白色）的值：当所有成分的值相等时，结果是灰色；当所有成分的值均为 255 时，结果是纯白色；当所有成分的值均为 0 时，结果是纯黑色。对于使用电脑创作插画的人来说，了解这种模式至关重要。目前的显示器大多采用了 RGB 颜色标准，通过电子枪打在屏幕上的红、绿、蓝三色发光体来产生色彩。目前的电脑一般都能显示 32 位颜色，约有一百万种以上的颜色。加色法原理被广泛应用于显示器、电视机等产品中。如图 2-2 所示。

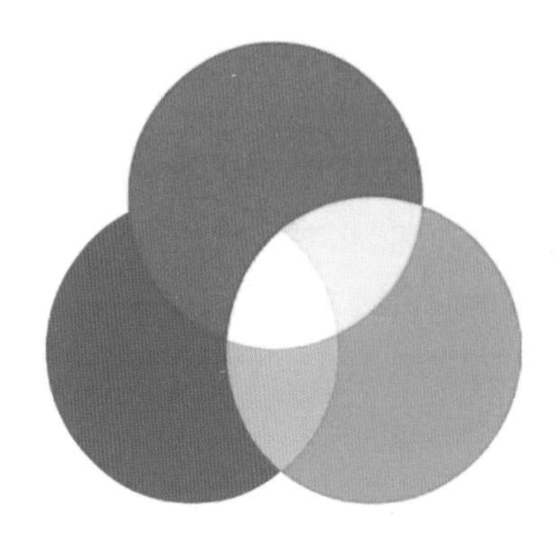

图 2-2 色光混合

2. 色光加色法

色光加色法是指两种或两种以上的色光同时反映于人眼，视觉上会产生另一种色光的效果。从人的视觉生理特性来看，人眼的视网膜上有三种感色细胞——感红细胞、感绿细胞、感蓝细胞这三种细胞分别对红光、绿光、蓝光敏感。当其中一种感色细胞受到较强的刺激，就会引起该细胞的兴奋，从而产生该色彩的感觉。

人眼所看到的白光是红、绿、蓝三原色光以适当的比例合成的。假如用红、绿、蓝三束三原色光部分重叠地投射到屏幕上时，我们会看到在蓝光与绿光重叠的部位是青色，蓝光与红光重叠的部位是品红色，红光与绿光重叠的部位是黄色。如图 2-3 所示。

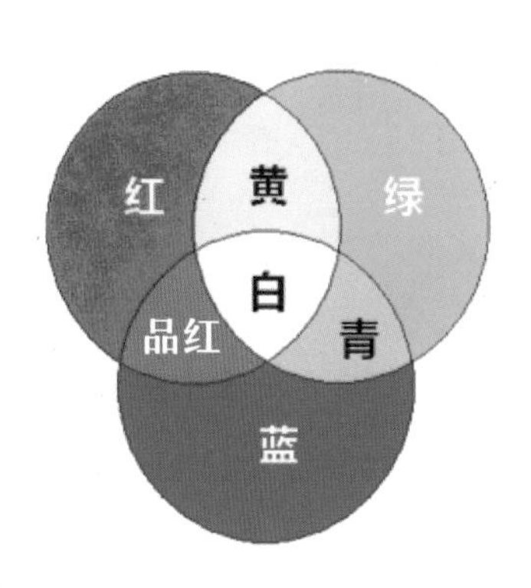

图 2-3 色光加色法

这里可以用红光和绿光混合是黄色来说明色光加色法的原理。将通过绿滤色片中的绿光和通过红滤色片后的红光混合，能够获得黄色的感觉。这是因为眼睛中感红细胞和感绿细胞的系统受到了同样的刺激而感到黄色。可见，不但特定波长段的单色光刺激感色系统会产生黄色的感觉。感红细胞和感绿细胞的系统刺激值粗略相等也能够产生黄色的感觉。这就是色光加色原理在人的视觉上的显现。

颜色之间的混合，单就原色而言，是无法演变出来世界上千万种颜色，所以原色与补色之间，还要继续混合。如图 2-4 所示是 RGB12 色相环图。

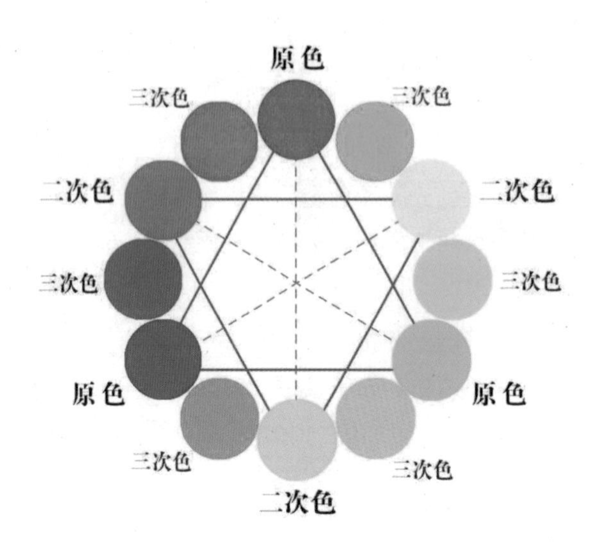

图 2-4 RGB12 色相环图

从 RGB12 色相环图中可以看出，原色和补色（二次色）还可以混合，也就是一次色与二次色相混合，还会产生新的三次色，称为复色。补色与复色混合，也会产生新的颜色。就这样不断混合下去，就像裂变一样，一直能混合出 16777216 种颜色，通常被称为 1600 万色，这就是我们所能看到的大千世界中的那些颜色了。色光的合成在科学技术中普遍应用，彩色电视机就是一例，它的荧光屏上出现的彩色画面，是由红、绿、蓝三种色光混合而成的。

三、学习任务小结

通过本次课的学习，同学们已经初步认识了色光三原色、色光加色法的概念，懂得了色光加色法的原理与应用方法。课后，大家要认真学习并理解色彩的原理，并结合设计案例进行分析。

四、课后作业

（1）完成色光三原色图的制作。

（2）完成色光加色法图的制作。

色料三原色、色料减色法

教学目标

（1）专业能力：了解色料三原色和色料减色法的基本概念。

（2）社会能力：能进行色彩的分析和思考，掌握色料三原色的应用方法。

（3）方法能力：信息和资料收集能力、色彩案例分析能力。

学习目标

（1）知识目标：了解色料三原色的定义，掌握色料三原色的应用方法。

（2）技能目标：能结合色料三原色的原理进行色料减色法制作。

（3）素质目标：能够根据任务制定学习计划，培养时间观念。

教学建议

1. 教师活动

教师讲解色料三原色和色料减色法的基本概念，让学生更直观认知并理解色料三原色和色料减色法。

2. 学生活动

聆听教师讲解色料三原色和色料减色法的基本概念，并进行理解和分析。

一、学习任务导入

色彩中最基本的三种颜色就是三原色。原色，也称为基色，就是可以用来调配其他色彩的基本色。原色的色彩纯度最高、最纯净，也最鲜艳，可以调配出绝大多数色彩，而其他颜色则不能调配出三原色。

二、学习任务讲解

1. 色料三原色

彩色印刷的油墨调配、彩色照片的原理及生产、彩色打印机设计以及实际应用，都是以黄、品红、青为三原色。彩色印刷品是以黄、品红、青三种油墨加黑油墨印刷的，四色彩色印刷机的印刷就是一个典型的例证。在彩色照片的成像中，有三层乳剂层：底层为黄色，中层为品红，上层为青色。各品牌彩色喷墨打印机也都是以黄、品红、青加黑墨盒打印彩色图片的。按照定义，原色能调制出绝大部分的其他色，而其他色调不出原色。美术实践证明，品红加少量黄可以调出大红（红 =M100+Y100），而大红却无法调出品红；青加少量品红可以得到蓝（蓝 =C100+M100），而蓝加白得到的却是不鲜艳的青。如图 2-5 所示。

色料混合又叫减色法，因为物体所呈现的颜色是光源中被颜料吸收后剩余的部分，所以其成色是依靠反光的色彩模式。在减色法中，三原色颜料分别是青(cyan)、品红(magenta)、黄(yellow)，加上减去的黑(black)，这就是我们常用的 CMYK 模式。其中的“K”取的是黑色（black）最后一个字母，之所以不取首字母，是为了避免与蓝色（blue）的“B”混淆。从理论上来讲，只需要将 CMY 这 3 种油墨加在一起就可以得到黑色，但是由于目前制造工艺还不能造出高纯度的油墨，CMY 相加的结果实际是一种暗红色，因此还是需要加入黑色油墨来辅助印刷。每种 CMYK 四色油墨可使用 0 ~ 100 的数值，为较亮颜色指定的印刷色油墨颜色百分比低，而为较暗颜色指定的油墨颜色百分比高，这与 RGB 恰恰相反。CMYK 以白色为底色减，即 CMY 均为 0 是白色，均为 100% 是黑色；RGB 以黑色为底色加，即 RGB 均为 0 是黑色，均为 255 是白色。如图 2-6 所示。

CMYK 也称印刷色彩模式，顾名思义就是用来印刷的色彩模式。它和 RGB 相比有一个很大的不同，RGB 模式是一种发光的色彩模式，而 CMYK 是一种依靠反光的色彩模式。只要在屏幕上显示的图像，就是 RGB 模式表现的；只要是在印刷品上看到的图像，就是 CMYK 模式表现的。比如期刊、杂志、报纸、宣传画等，都是印刷出来的，那么就是 CMYK 模式。

使用 Photoshop 软件制作平面设计作品需要选择相应模式。如果需要打印或印刷，那么最好用 CMYK 模式，优点是打印出来的成品更接近电脑上看到的效果。如果是用于网页，不需要输出，那么就用 RGB 模式，因为 RGB 模式下的颜色比 CMYK 模式下的要更加鲜艳。

色域是指某种表色模式所能表达的颜色数量所构成的范围区域，如屏幕显示、数码输出及印刷复制所能表现的颜色范围。RGB 色域范围是 255×255×255=16581375 种颜色，而 CMYK 色域范围是 100×100×100=1000000 种颜色。对比发现 RGB 色域要宽很多，但是 CMYK 色域也有小部分在 RGB 色域之外。

从 RGB 模式转换成 CMYK 模式后，作品的颜色将会偏暗，但已自动替换，这个文件可以直接印刷。但是如果再将转换过的 CMYK 模式转换回 RGB 模式，就无法达到原 RGB 模式的鲜艳程度了，因为颜色已经被替换过一次了。同样，即使直接把 CMYK 模式转换成 RGB 模式，作品颜色也无法变得更鲜艳，因为色彩模式的原色没有变化。

在 Photoshop 软件中有 3 种不同的图像模式：Lab、RGB 和 CMYK，它们所能表现出的颜色色域是不同的，其编辑图像的本质差异是在不同的色域空间中工作。在色彩模式中，Lab 模式色域空间最大，它包含 RGB 模式和 CMYK 模式中所有的颜色。Lab 模式对应的媒介是人的眼睛，人眼能看到的所有颜色，Lab 模式基本上都包括了。RGB 模式是光的三原色，对应的媒介是电视机、显示器等。CMYK 模式是油墨印刷的颜色，相应的色域小一些。一般情况下，首先要明确作品的用途，由于是面对显示器作画，大多数人还是选择 RGB 模式，但是如果要用作印刷，还是要经常按一下 Ctrl+Y 组合键进行校色，避免两种模式的色差过大。

2. 色料减色法

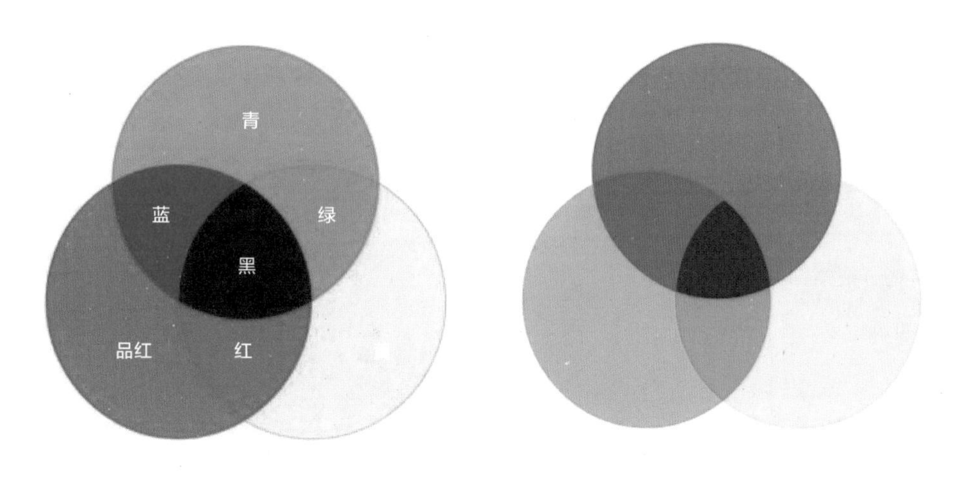

图 2-5 色料三原色　　图 2-6 色料混合

在白炽灯上加上红色的透明纸，灯光便成了红色，好像红色的透明纸给白色的灯光加上一种颜色。其实，只有当人的视网膜上的三种感色细胞同时受到等量而又较强的刺激时，才有白色的感觉，白光是多种色光的复合。这里红色透明纸吸收了白光中的其他色光而只透过红光。如果用黄滤色片把红透明纸换下来，则不仅透射过红光、也透过绿光，使视网膜上的感红细胞和感绿细胞同时受到刺激，因而有黄色的感觉。这可以说是白光中减去了蓝光而剩下红光和绿光，从而产生黄色的感觉。这种从白光或复合光中减去一种或多种色光而得到另一种色光的效应称为减色效应，也称色料减色法。如图 2-7 所示。

3. 减色法原理

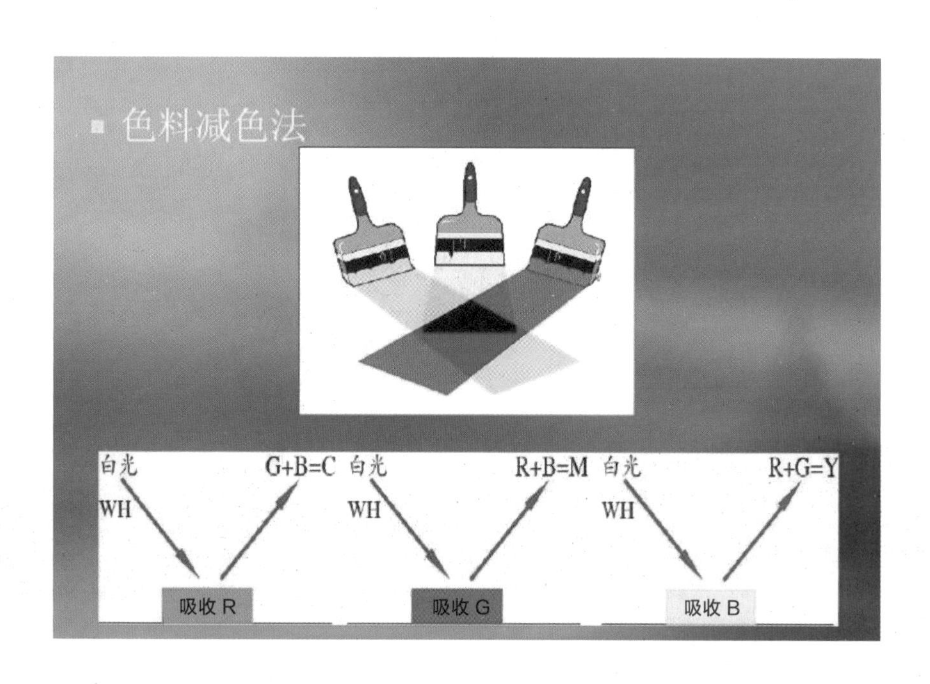

图 2-7 色料减色法

在打印、印刷、油漆、绘画等靠介质表面的反射被动发光的场合，物体所呈现的颜色是光源中被颜料吸收后剩余的部分，所以其成色的原理称为减色法原理，减色法原理被广泛应用于各种被动发光的场合。

三、学习任务小结

通过本次课的学习，同学们已经初步了解了色料三原色和色料减色法的概念，懂得了色料减色法的原理与应用方法。课后，大家要认真理解和分析色料三原色的色彩原理，并结合设计作品进行分析。

四、课后作业

（1）完成色料三原色图的制作。

（2）完成色料减色法图的制作。

印刷分色与色彩还原

教学目标

（1）专业能力：了解色料印刷分色与色彩还原的基本概念。

（2）社会能力：了解色料印刷分色的应用。

（3）方法能力：信息和资料收集能力、案例分析能力。

学习目标

（1）知识目标：掌握印刷分色的定义和印刷分色的应用方法。

（2）技能目标：能掌握常用原稿的种类、特点及印刷复制时的分色控制要点。

（3）素质目标：能够根据任务制定学习计划，培养学生的时间观念。

教学建议

1. 教师活动

教师讲解色料印刷分色与色彩还原的基本概念，让学生更直观认知和理解印刷分色与色彩还原。

2. 学生活动

聆听教师讲解色料印刷分色与色彩还原的基本概念，并理解其应用方法。

一、学习任务导入

各位同学，大家好，本次课主要学习色彩的形成过程，理解获得色彩信息需要具备的条件，掌握获得色彩感觉需要的照明、环境与背景条件，了解印刷业在使用光源方面存在的问题并掌握选用光源的方法。同时，对物体的色彩特性与人眼的视觉功能有基本的认识，懂得人眼的色觉现象与色彩心理效应，是彩色印刷复制从业人员必备的专业素质。

二、学习任务讲解

分色是一个印刷专业名词，指的是将原稿上的各种颜色分解为青（C）、品红（M）、黄（Y）、黑（K）四种原色。在电脑印刷设计或平面设计图像类软件中，分色工作就是将扫描图像或其他来源的图像的色彩模式转换为 CMYK 模式。一般扫描图像为 RGB 模式，用数码相机拍摄的图像也为 RGB 模式，从网上下载的图片大多也是 RGB 色彩模式。如果要印刷的话，必须进行分色，分成青、品红、黄、黑四种颜色，这是印刷的要求。如果图像色彩模式为 RGB 模式或 Lab 模式，输出时有可能只有 K 版上有网点，即 RIP 解释时只把图像的颜色信息解释为灰色。在 Photoshop 中，分色操作其实非常简单：只需要把图像色彩模式从 RGB 模式或 Lab 模式转换为 CMYK 模式即可。这样该图像的色彩就是由色料（油墨）来表示了，具有 4 个颜色的通道。图像在输出菲林时就会按颜色的通道数据生成网点，并分成青、品红、黄、黑四张分色菲林片。

印刷四分色模式（CMYK）是彩色印刷时采用的一种套色模式，利用色料的三原色混色原理，加上黑色油墨，共计四种颜色混合叠加。

① C：cyan = 青色，常称为“天蓝色”或“湛蓝”。

② M：magenta = 洋红色，又称为“品红色”。

③ Y：yellow = 黄色。

④ K：black= 黑色。

虽然有文献解释说这里的 K 应该是 key color（定位套版色），但其实是和制版时所用的定位套版观念混淆了。此处缩写使用最后一个字母 K 而非开头的 B，是因为在整体色彩学中已经将 B 给了 RGB 的蓝色（blue）。

原稿上包含各种颜色信息，印刷品要复制原稿上成千上万种颜色，不可能用这么多颜色的色料去印刷。前面已介绍过色料三原色青、品红、黄混合后可以得到自然界的绝大部分颜色，所以印刷就用青、品红、黄三原色油墨，通过不同比例的墨量组合来复制原稿的颜色。这也就意味着我们得把原稿上的颜色分解成青、品红、黄三种颜色信息。分色原理如图 2-8 ~图 2-10 所示。

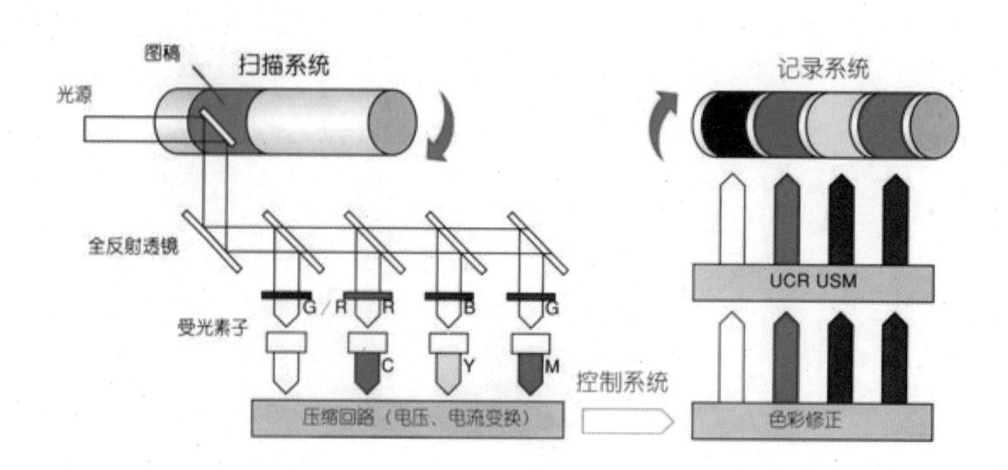

图 2-8 分色原理

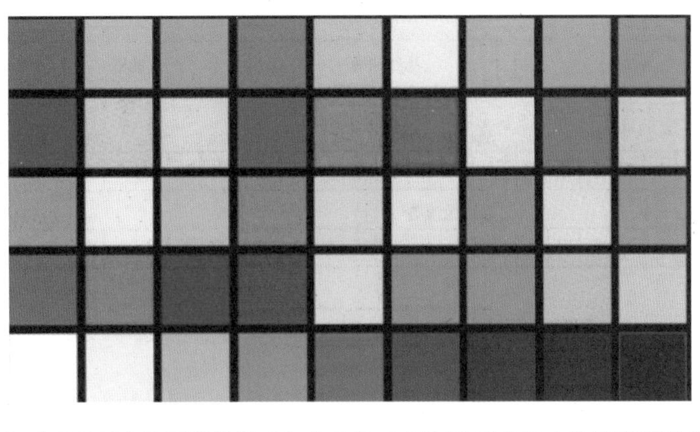

图 2-9 HDTV 色彩还原图 36 个色标 9 级灰阶彩色图卡次原色颜色再现

图 2-10 影片色彩的准确还原

白光照射到原稿上，这些色彩吸收了部分光，反射或透射另一部分的色光，这些色光通过红、绿、蓝滤色片后被分解成三路颜色信号。原稿上某色彩反射或透射的红光信息通过红滤色片，形成红光信息，该色彩的反射或透射的绿光信息通过绿滤色片，形成绿光信息，该色彩的反射或透射的蓝光信息通过蓝滤色片，形成蓝光信息。每一路色彩信号的强弱变化对应原稿上该色彩含量的多少，根据减色法原理，减色法的三原色为青、品红、黄，故要将原稿经过红、绿、蓝滤色片后所得到的红、绿、蓝三色信息转换成青、品红和黄三色信息。

已知红色与青色为互补色，绿色与品红色为互补色，蓝色与黄色为互补色，通过互补色的关系转换将原稿上的红色、绿色、蓝色信息转换成对应的青色、品红色和黄色信息。将青、品红、黄三种色彩对应的强弱信息比例转换为网点百分比，再将网点百分比记录在印版上，就得到了三张分色印版，这三张分色印版记录的信息就对应印刷时青、品红、黄三种彩色油墨的墨量。彩色原稿上的色彩由青、品红、黄色油墨中的两种或三种以不同比例组成，因此彩色原稿上每一个点都在三张分色版上形成记录信息。在印刷流程中，经过分色和制版以后，原稿的色彩信息被转换为印刷油墨的网点值并记录在印版上，再按此油墨比例印刷到承印物上，就可以还原出原稿的颜色。色彩的合成如图 2-11 所示。

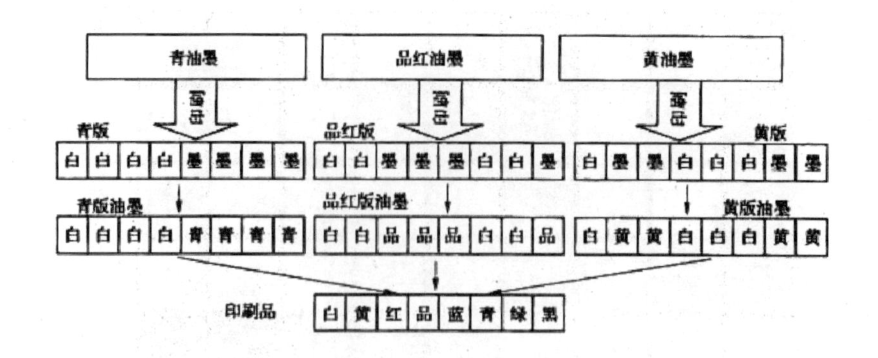

图 2-11 色彩的合成

印版上的图文区在印刷时要转移油墨，在图 2-11 中用“墨”表示，而非图文区不需要油墨，在图中标有“白”的区域表示。经过印刷后，各原色油墨转移到承印物上，合成需要的颜色。例如，图中青版上无墨而品红版和黄版上有墨的区域，印刷出的结果就是红色；品红版上无墨而青版和黄版上有墨的区域，印刷出的结果就是绿色，其余印刷结果可依此类推。如果印刷在纸上各原色油墨墨量不等，比例从 1% ~ 100% 变化，合成的颜色就会随之变化，从而得到丰富多彩的色彩。

三、学习任务小结

通过本次课的学习，同学们初步了解了色料印刷分色与色彩还原的基本概念，掌握了印刷分色的原理及其应用方法。课后，大家要认真学习和理解色彩的原理，并结合设计案例进行分析。

四、课后作业

认真分析和理解印刷分色与色彩还原的原理。

项目三

印刷阶调层次复制技术

学习任务一　网点复制技术
学习任务二　网点覆盖率、网点角度、网点形状、加网线数
学习任务三　网点颜色再现与阶调复制

网点复制技术

教学目标

（1）专业能力：掌握网点复制技术的概念与定义，并能分析、解决印刷过程中的若干实际问题。

（2）社会能力：关注网点复制技术方面的相关基础知识，能按实际操作情况进行分析和思考。

（3）方法能力：信息和资料收集能力、案例分析能力。

学习目标

（1）知识目标：了解网点复制技术的基本概念，掌握相关网点复制技术的知识。

（2）技能目标：能针对网点复制技术的内容，结合案例分析，解决印刷中的问题。

（3）素质目标：能够根据学习的任务制定学习计划，培养时间观念。

教学建议

1. 教师活动

教师讲解网点复制技术的基本概念，让学生更直观认知理解网点复制技术。

2. 学生活动

聆听教师讲解网点复制技术的基本概念，并理解网点复制技术。

一、学习任务导入

各位同学，大家好，本次课主要学习网点复制技术的相关知识。对于印刷工艺来说，掌握丰富的网点复制技术是必不可少的。本次课我们就一起来学习网点复制技术的相关知识，包括网点的概念、作用以及网点印刷的主要内容。

二、学习任务讲解

1. 网点的概念

网点是指构成连续调图像的基本印刷单元，印刷品上由这种图像单元与空白的对比，达到再现连续调的效果。按照加网的方法，网点分为调幅网点和调频网点。调幅网点是以点的大小来表现图像的层次，点间距固定，点大小改变。调频网点是以点的疏密而不是点的大小来表现图像的层次。

2. 网点的作用

网点是印刷复制过程的基础，是构成图文的基本单位，网点的作用主要有以下几种：

①网点在印刷效果上担负着色相、明度和饱和度的任务；

②网点是感脂斥水的最小单位，是图像传递的基本元素；

③网点在颜色合成中是图像颜色、层次和轮廓的组织者。

网点在平版复制工艺中，起到下列特殊作用：

①网点对原稿的色调层次起到复制、传递的作用；

②网点在平版印版上，作为形成图文基础的小吸墨单位；

③网点决定墨量多少以及图像轮廓。

网点复制特性 CTcP（computer to conventional plat, 计算机直接制版）具有比 CTF（computer to film，计算机对薄膜印刷）更高的网点成像精确度、更好的版面均匀性、更平滑的阶调复制曲线及更好的过程控制性能。

3. 网点复制技术

（1）网点增大。

网点增大就是印刷纸张上的网点比胶片上的网点增大了。这种增大也称为网点边缘扩展。

（2）填满。

填满是指在暗调区中不印刷区缩小至完全消失。填满也可能由网点伸长或重影引起。

（3）锐化。

锐化表示色调变淡，网点变得比胶片上的小。印刷工人往往将锐化理解为网点增大程度的减小，此时印刷纸张上的网点仍然比胶片上更满。

（4）伸长。

网点伸长就是在印刷过程中由于印版与橡皮布之间或橡皮布与纸张之间的相对运动而使网点变形，圆网点可能变为椭圆网点。沿印刷方向的伸长称为圆周伸长，横向的就称为侧向伸长。

（5）重影。

重影就是胶印中在正常印出网点旁出现的第二个网点，这个重影一般尺寸较小。重影通常是走版致使橡皮布将网点上的油墨再转印而形成的。

（6）粘脏。粘脏就是在压印之后由于机械作用而使印刷纸张上的网点变形。

网点复制技术如图 3-1 所示。

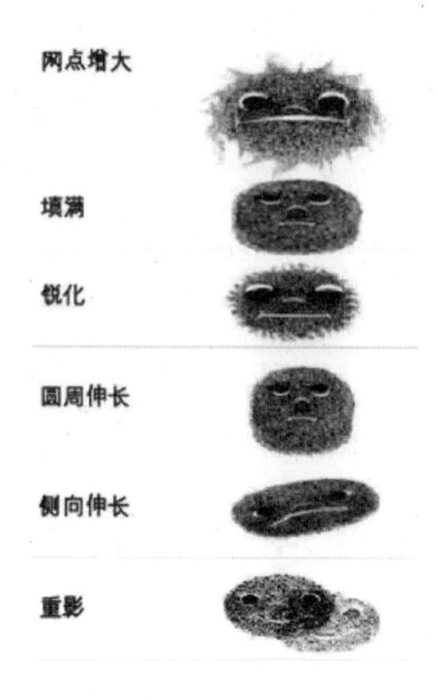

图 3-1 网点复制技术

4. 网点印刷

（1）调幅网点。

目前彩色制版所采用的传统网点称为调幅网点，包括方形网、链网、圆形网等。在网点的位置和排列角度固定不变的情况下，利用网点的大小变化来表现图像的深浅。如图 3-2 所示。

调幅网点需要控制网线的密度和网角。网角是指相邻网点中心连线与基准线的夹角，也叫网线角度。两个色版的网角必须不小于 30° ，才可避免撞网的情况，通常会把 C 版放在 15° 处，M 版放在 45° 处，K 版放在 75° 处 (M 版或 BK 版可调换)，而 Y 版放在 90° 处，在这种情况下，Y 版会与其他色版只有 15° 相隔，但由于其较其他三色更浅，就算撞网也不会明显。网线角度如图 3-3 所示。

调幅网点一方面可以得到稳定的印刷再现，同时又容易产生网花，以及图像网纹之间的干扰龟纹、色彩跳跃、

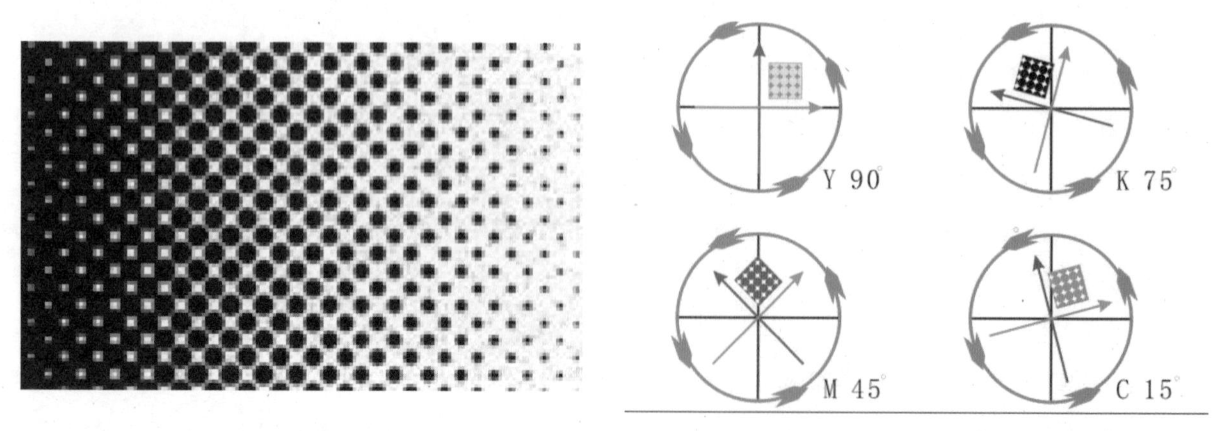

图 3-2 调幅网点

图 3-3 网线角度

文字和细微层次的再现性等问题。此外，在印刷方面也要求极高的套印精度。

（2）调幅网点加网印刷。

调幅网点加网印刷是指在单位面积内，用网点的大小来表现图像的深浅明暗层次，但有一个缺点就是容易出现龟纹。

（3）调频网点。

调频网点的细点直径为 8 ~ 30μm，每个细点的大小相同，颜色深浅的表达方式与调幅网点不同，通常按密度来表现图像颜色的深浅，点的密度越大，颜色则越深。如图 3-4 所示。

调频网点具有的优点如下：

①不会出现撞网和网花；

②所产生的小网点，能显示更细节；

③消除中间调的色彩跳跃；

④套准问题不会影响颜色平衡。

调频网点存在的缺点如下：

①光位层次和平网容易产生粗糙感和颗粒感；

②中间调的网点密度极高，网点扩大率难控制；

③需要高精细和苛刻的印刷条件；

④菲林输出的稳定性、细点的再现性和清晰度较难控制。

⑤晒版时，光位容易丢失，深位容易阻塞。

（4）调频网点加网印刷。

随着计算机计算功能的增强，出现了调频网点加网技术，调频加网技术是在单位面积内网点大小一致，用网点的多少即疏密，来表现图像深浅明暗层次，调频网点基本上解决了龟纹问题。

（5）混合型网点。

在网点百分比为 1% ~ 10% 的光位和 90% ~ 99% 的深位部分，混合型网点会像调频网点一样，使用大小相同的细网点，并通过这些网点的疏密程度来表现画面中的层次变化；在网点百分比为 10% ~ 90% 的中间调部分，混合型网点又会像调幅网点一样，对网点的大小进行改变。但所有网点的位置都具有随机性，因此不需考虑网线角度的问题。如图 3-5 所示。

（5）光位和深位。

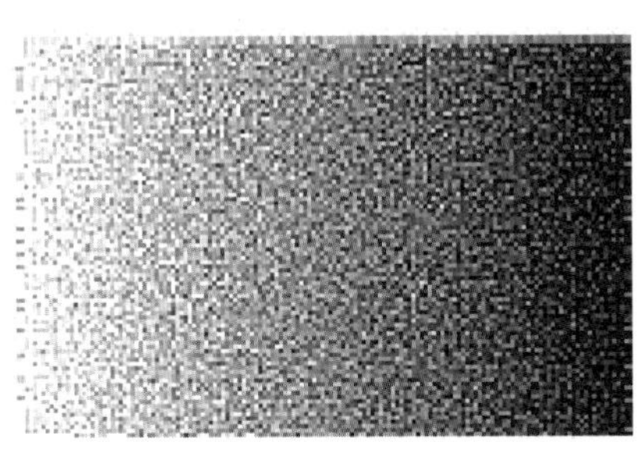

图 3-4 调频网点

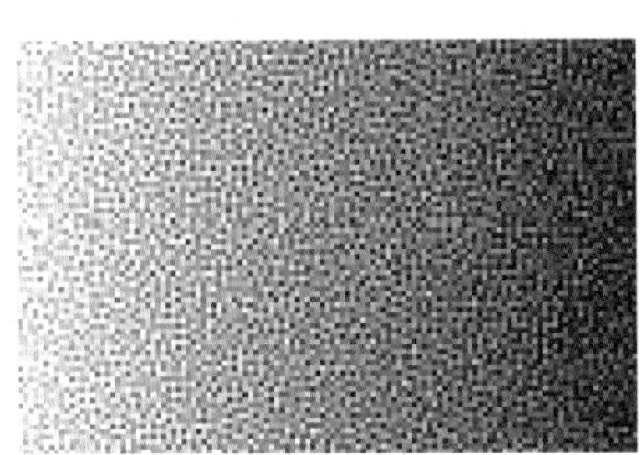

图 3-5 混合型网点

混合型网点在光位和深位部分采用随机分布且大小也不同的网点，从而表现画面中层次的变化。值得注意的是，网点的位置都经过特别的计算处理，以保证既不会出现重叠，又不会出现网点间空隙过大的现象。这样可防止粗糙的颗粒性。

当输出设备的分辨率为 2400dpi 时，最小网点的直径约为 10.5 μ m，虽然可以把这些细点曝光在印版上，但印刷过程中的不稳定因素，往往导致丢失。但这种新型网点的计算方法，即利用多个细小的网点组合成一个较大的网点，两个或三个最小网点（每个直径为 10.5 μ m）组合的较大网点的直径就是 21 μ m 或 32 μ m。这样大小的网点更适合印刷，可提高印刷的再现性和稳定性。如图 3-6 所示。

（6）中间调部分。

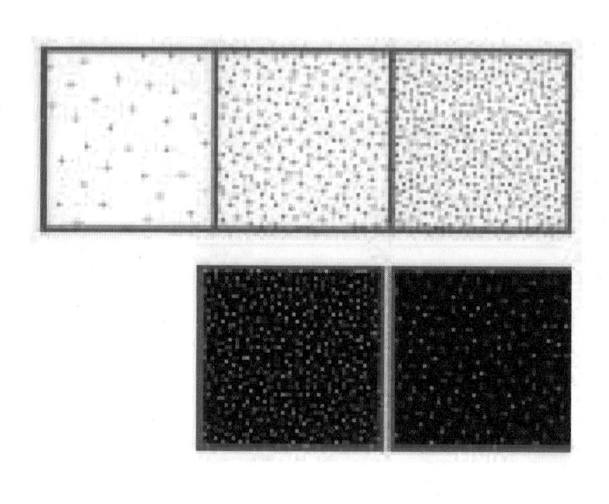

图 3-6

混合型网点在中间调部分会像调频网点一样，随机地安排网点的位置，但层次的深浅则利用调幅网点的方式，也就是通过网点大小的变化来表现。借助先进的计算，这些网点的形状都较为圆滑，因此，印刷适应性会更好。此外，印刷时还采用特别的方式来防止网点发生重叠，这又能解决粗糙的颗粒性问题。

混合型网点不但能够显著地提高印刷质量，还不影响生产效率，只需要沿用常规的 2400dpi/175lpi 的生产工序和设备就能实现 300lpi 高线数网点的印刷质量。

三、学习任务小结

通过本次课的学习，同学们初步掌握了网点复制技术的概念与定义，了解网点复制技术方面的相关基础知识，以及网点印刷的主要内容。课后，大家要认真学习和理解网点复制技术的原理，并结合网点的知识进行分析。

四、课后作业

结合图示加深对网点复制技术的掌握与理解。

网点覆盖率、网点角度、网点形状、加网线数

教学目标

（1）专业能力：能理解网点覆盖率、网点角度、网点形状、加网线数的定义。

（2）社会能力：懂得分析解决网点覆盖率、网点角度、网点形状、加网线数中的实际问题。

（3）方法能力：信息和资料收集能力、案例分析能力。

学习目标

（1）知识目标：了解网点覆盖率、网点角度、网点形状、加网线数的基本概念以及应用特点。

（2）技能目标：能针对不同网点覆盖率、网点角度、网点形状、加网线数的实际情况，进行印刷工艺分析。

（3）素质目标：能够根据任务制定学习计划，培养时间观念。

教学建议

1. 教师活动

教师讲解网点覆盖率、网点角度、网点形状、加网线数的基本概念，让学生更直观认知和理解网点覆盖率、网点角度、网点形状、加网线数。

2. 学生活动

聆听教师讲解网点覆盖率、网点角度、网点形状、加网线数的基本概念，并理解其应用方法。

一、学习任务导入

各位同学，大家好，本次课主要讲解网点覆盖率、网点角度、网点形状、加网线数的基本概念。人眼分辨不出图像上的网点，是因为该印刷品的加网线数足够高，而实际需要的加网线数是由人类视觉系统的观察能力和观察距离决定的。

二、学习任务讲解

1. 网点覆盖率

在印刷品上，网点面积覆盖率是指着墨的面积占单位面积的比率，即网点百分比。例如在单位面积内着墨率为 50%，则称为 50%的网点，若在单位面积内着墨面积率为 80%，则称为 80%的网点。

网点面积覆盖率直接控制承印材料上单位面积内被油墨覆盖的面积大小，决定了照射到油墨上的光被吸收和反射的量，代表了图像层次的深浅和颜色的浓淡。如 10%的网点，单位面积内只有 10%的面积被油墨覆盖，也就是说 10% 的网点是只有 10%的面积能吸收光线，而有 90%的面积反射光线；90%的网点则刚好相反，有 90%的面积能吸收光线，而只有 10%的面积反射光线。比较两种大小的网点百分比，人眼对前者感觉明亮，而对后者则感觉暗淡。在我国习惯用网点的“成数”来表示网点的面积覆盖率，如 50%的网点称为“5 成点”，而25%的网点称为“2.5 成点”。1 成网点的网点之间间隔为三个网点宽，2 成网点的网点之间间隔为两个网点宽，3 成网点的网点之间间隔为 1.5 个网点宽，4 成网点的网点之间间隔为 1.25 个网点宽，5 成网点的网点之间间隔刚好为 1 个网点宽，6 成网点的网点宽是 1.25 个空白点宽，7 成网点的网点宽是 1.5 个空白点宽，8 成网点的网点宽是两个空白点宽，9 成网点的网点宽是 3 个空白点宽，10 成网点称为“实地”。

2. 网点角度

人们很容易观察出印刷品上网点的排列是规则的，就像五子棋棋盘一样交错着。如果把 CMYK 四色分出来，网点也是规则排列的。但是每一色的倾斜角度不同，所以各色的网点是错开的。为确切说明这一点，需要用到“网线”和“网角”的概念。

单独观察品红网点，用一些直线把它们连起来，可以有 A、B、C、D 四个方向。其中 A、B 方向在视觉上最容易感到网点的排列方向，我们把这两个方向称为“网线”。网格整体倾斜的程度，可用网线与水平线之间的夹角来描述，即网点角度，也称“网角”。 在印刷中，使用正确的网点角度十分重要。错误的网点角度会使印刷品产生类似水状的莫列波纹，这些波纹会影响图片色彩的呈现，导致视觉效果变差。在四色印刷当中，四色重叠后的最大角度一定要在 90° 以内。在逆时针方向，网点角度为 45° 时，肉眼最不容易察觉到网线的存在，所以用于最深的黑色油墨；网点角度为 90° 时，最容易让人看到网线，所以用于最浅的黄色油墨。青色和品红色网点角度分别采用 15° 和 75° ，与黑色网点角度都相差 30° 。这其实是有原因的，实践证明相差 30° 的网点角度能够避免龟纹。比如我们将蚊帐叠放整齐的时候，网格之间相互错落叠加，会让人感觉到浮动着重影或斑纹，这就是龟纹。在印刷品上，龟纹是各种油墨的网点角度配置不当时产生的干扰画面的花纹。

网点角度一般不需要设计师来设置，它是输出中心在出片的时候设置的，到了胶片上，网点角度就已经确定，在此后的印版、印刷品上，网点角度都不变。但设计师也可以要求输出中心采用一些特殊的网点角度。但也得遵循一定的原则，否则会适得其反。哪种油墨最显眼，它的网点角度就是 45° ，比如画面暖色居多且非常明亮，品红色网点比黑色网点明显得多，那么可以让品红色网点角度为 45° ，黑色网点角度为 75° 。如图 3-7 所示。

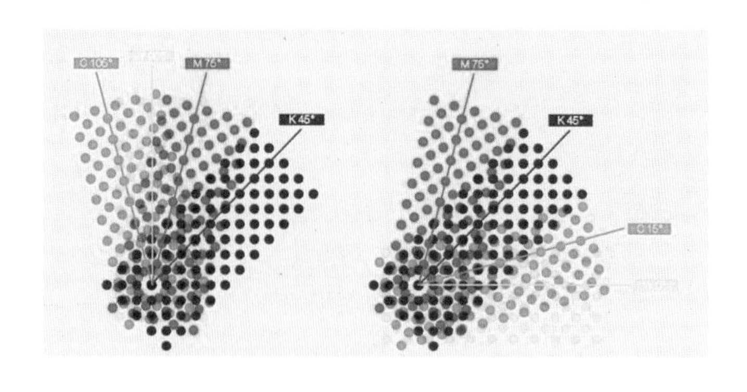

图 3-7 网角图示

3. 网点形状

单位印刷面积内网点覆盖面积的变化可以由下面几种方法实现：

①网点的距离相同，但大小不同，这种网点类型称为调幅网点；

②网点的距离不同，但大小相等，这种网点类型称为调频网点；

③网点的距离不同，大小也不同，这种网点类型称为混合网点。

各种网点的构成变化不同。网点形状指的是单个网点的几何形状，即网点的轮廓形态。不同形状的网点除了具有各自的表现特征，在图像复制过程中也有不同的变化规律，从而会产生不同的复制结果，并影响最终的印刷质量。网点形状分为方形、圆形、菱形、椭圆形、线形等，在现代的数字加网技术中，可选用的网点更多。在 50% 着墨率的情况下，网点所表现出的形状主要有方形、圆形和菱形三种。如图 3-8 和图 3-9 所示。

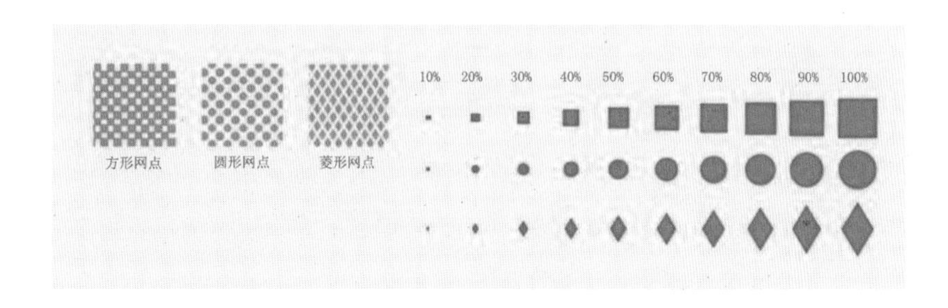

图 3-8 网点形状 1

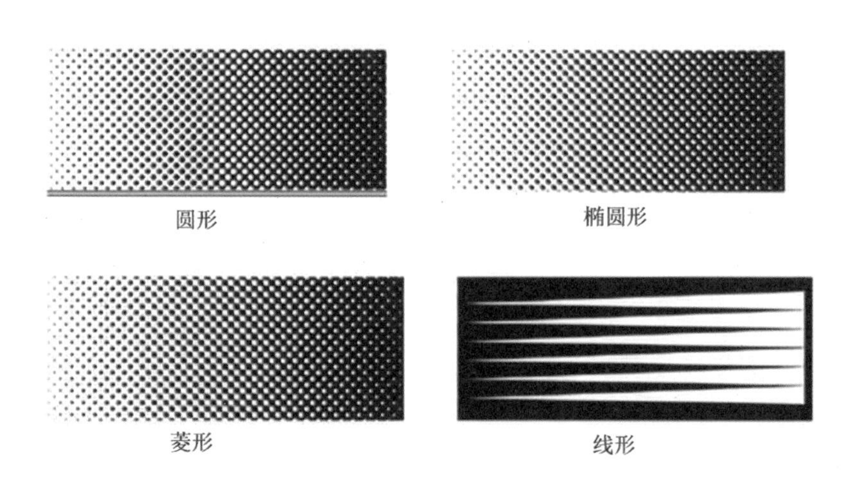

图 3-9 网点形状 2

4. 加网线数

加网线数一般称为挂网精度，指单位长度上网点的数目，通常用每英寸多少线或每厘米多少线来表示。每两个网点之间的中心距等于加网线数的倒数。

加网线数类似于分辨率，通常情况下其线数多少决定了图像的精细度。印刷的图像是由网点组成的，因此印刷图像加网线数指的是在水平或垂直方向上每英寸的网线数，其单位为 line/inch（线 / 英寸），简称 lpi。例如 150lpi 是指每英寸有 150 条网线。常见的加网线数应用如下。

① 10 ~ 120 线：适用于低品质印刷，如远距离观看的海报、广告等面积比较大的印刷品。

② 150 线：普通四色印刷一般都采用此精度。

③ 175 ~ 200 线：用于精美画册、画报、书籍等印刷。

④ 250 ~ 300 线：用于高要求的画册、书籍等印刷。

对胶印来说，加网线数越高，在网点百分比相同的情况下，网点越小，表现的层次越细微，表现层次的能力越强，印刷成品就越精美，但印刷过程中网点增大也越严重；加网线数越低，在网点百分比相同的情况下，网点越大，表现细微层次的能力越差，但印刷过程中网点增大现象较轻微。但不同加网线数的印刷效果也与纸张、油墨等有较大关系。如果在一般的新闻纸（报纸）上印刷加网线数较高的图片，该图片不但不会变得更精美，反而会糊版，所以输出前必须了解印刷品的印刷用纸是什么，再决定加网的线数。

一般常见的用纸及加网线数如下。

①进口铜版纸或不干胶等：175 ~ 200 线。

②进口胶版纸等：150 ~ 175 线。

③一般胶版纸等：133 ~ 150 线。

④新闻纸：100 ~ 120 线。

⑤普通报纸：80 ~ 133 线。

以此类推，纸张质量越差，加网线数就越低，反之亦然。另外，加网线数还与视距有关，视距越大，加网线数就越低，例如巨幅海报通常为 20 ~ 30 线，网点极其明显但却不影响远距离观看。

三、学习任务小结

通过本次课的学习，同学们已经掌握了网点覆盖率、网点角度、网点形状、加网线数的概念，并清楚了各自的应用和特点。课后，同学们要加强学习，不断开阔视野，了解更多材料及其特性，还要通过多渠道收集一些好的印刷作品进行分析和思考，并作为今后创作的资源。

四、课后作业

分别加深对网点覆盖率、网点角度、网点形状、加网线数定义的理解。

网点颜色再现与阶调复制

教学目标

（1）专业能力：能理解网点颜色再现与阶调复制的概念和操作方法。

（2）社会能力：能通过网点颜色再现与阶调复制分析和思考印刷工艺中的问题。

（3）方法能力：信息和资料收集能力、案例分析能力、归纳总结能力。

学习目标

（1）知识目标：了解网点颜色再现与阶调复制的基本概念，掌握网点颜色再现与阶调复制的方法及其应用特点。

（2）技能目标：能针对网点颜色再现与阶调复制内容选择相应的实操处理方法。

（3）素质目标：能够根据任务制定学习计划，培养时间观念。

教学建议

1. 教师活动

教师讲解网点颜色再现与阶调复制的基本概念和操作方法，让学生更直观认知理解网点颜色再现与阶调复制。

2. 学生活动

聆听教师讲解网点颜色再现与阶调复制的基本概念和操作方法，并能在不断训练的过程中进行反思和分析。

一、学习任务导入

彩色印刷是以再现原稿的形象、阶调和颜色为目的的。各种画稿以绚丽多彩的画面反映了人和大自然的真情和美好。而印刷工作者的任务就是仅仅用青、品红、黄三个基本色，通过网点覆盖率的变化，再现原稿的彩色画面。

二、学习任务讲解

彩色印刷品不同于单色印刷品的地方就在于颜色再现。原稿上的颜色，是利用光和色之间的关系，再现在印张上的。

1. 阶调的定义

阶调也称为调子或层次，印刷术语把层次定义为图像上从最亮到最暗部分的密度等级，也是指原稿或复制图像上最亮部分到最暗部分的层次演变，以及图像中视觉可分辨的差别。具体来说，以原稿为基础，在可复制的阶调值或亮度范围内，能够复制出并可识别出的等级越多，则表现原稿的层次越好。

2. 阶调复制的定义

阶调复制是指原稿连续调密度与复制半色调网点值之间的关系。具体来说是把原稿连续调密度阶调转变成印刷品半色调网点阶调的全过程，包括颜色的分解、网点的传递、颜色的合成。也就是说，把原稿的连续调密度等级通过电分、桌面扫描的颜色合成，同印刷品密度等级对应起来，如果一一对应或主体部分对应，那么阶调层次较好，否则阶调层次就会出现并级或损失一部分层次。

3. 颜色分类和特征

色源于光，光又伴随色，色与光有着密切的关系。

（1）色光三原色和色光加色法。

让一束太阳光射进暗室，通过狭缝照射到三棱镜上，透过三棱镜，再投射到白色的屏幕上，便显示出一条由红、橙、黄、绿、青、蓝、紫组成的光带，这条光带称为光谱。如果三棱镜对白光的色散不充分，可以发现红、绿、蓝三种色光各占光谱的 1/3。如果进行一系列的色光合成实验，发现选择“适当”的红、绿和蓝色光进行组合，可以模拟出自然界的各种颜色，故称红、绿和蓝色光为色光的三原色。为了统一色度方面的数据，1931 年国际照明委员会规定，红、绿、蓝三原色光的波长分别为 700.2 nm、546.1 nm、534.8 nm（$1nm=1\times10^{-7}cm$）。

若将三原色光每两种或三种相加，可以得到下面的色光。

红 + 绿 = 黄

红 + 蓝 = 品红

蓝 + 绿 = 青

红 + 绿 + 蓝 = 白

以上各式表明，色光的相加（混合）所获得的新色光的亮度增加，故称色光的混合为加色法。改变三原色光中任意两种或三种色光的混合比例，可以得到各种不同颜色的色光。光是作用于人眼并引起明亮视觉的电磁辐射，具有能量，色光混合的数量越多，光的能量值越大，形成的色光越明亮。

如果把红、绿、蓝三原色光，分别和青、品红、黄三种色光等量相混合，可以得到白光。

红 + 青 = 白

绿 + 品红 = 白

蓝 + 黄 = 白

当两种色光相加，得到白光时，这两种色光互为补色光。因此，红光与青光互为补色光，绿光与品红光互为补色光，蓝光与黄光互为补色光。

（2）色料三原色和色料减色法。

若将黄、品红、青三种色料，每两种以“适当”的比例混合，又可以得到色光三原色的颜色。

黄 + 品红 = 红

黄 + 青 = 绿

品红 + 青 = 蓝

改变黄、品红、青三种色料的混合比例，因选择性地吸收和反射色光，便可以获得各种不同的颜色。然而任意两种或两种以上的颜色相混，均不能获得黄、品红、青，故色料的三原色是黄、品红和青色。

从色光补色的关系可知，色料三原色呈现的色相是从白光中减去某种单色光，得到的另一种色光的效果。从白光中分别减掉（吸收）光的三原色红光、绿光、蓝光，便得到了被减色光的补色光——青、品红、黄，故把黄称为减蓝、品红称为减绿、青称为减红，即三减色。

色料的相加（混合）所获得的颜色其明度降低，故称色料的混合为减色法。色料减色法的呈色原理也可以用下面的式子来表达。

黄 + 品红 = 白 - 蓝 - 绿 = 红

黄 + 青 = 白 - 蓝 - 红 = 绿

青 + 品红 = 白 - 红 - 绿 = 蓝

黄 + 品红 + 青 = 白 - 蓝 - 绿 - 红 = 黑

黄、品红、青三种色料混合在一起，蓝光、绿光、红光分别被黄、品红、青色料吸收，故呈现黑色。

黄色料和蓝色料混合得到黑色，品红色料与绿色料混合得到黑色，青色料与红色料混合也得到黑色。凡是某种色料与另一种色料混合呈现黑色时，这两种色料互为补色料。所以，黄色与蓝色互为色料补色，品红色与绿色互为色料补色，青色与红色互为色料补色。

色料补色混合后呈现黑色，色光补色混合后呈现白光，两者恰好相反，但是，光的三原色的补色是色料的三原色，色料三原色的补色又是光的三原色。因此，光与色之间存在着相互的联系，这种联系已经被人们巧妙地应用在彩色原稿的颜色分解之中。

（3）非彩色。

颜色分为非彩色和彩色两大类。非彩色就是黑、白以及从最暗到最亮的各种灰色，它们可以排列成一个系列，称为黑白系列，该系列中由黑到白的变化可以用一条灰色带表示，一端是纯黑，另一端是纯白。物质将可见光全部反射，反射率等于 100%为纯白；物质将可见光全部吸收，反射率等于 0 为纯黑。实际生活中没有纯白和纯黑的物质。

黑白系列的非彩色只能反映物质的光反射率变化，在视觉上的感觉是明亮的变化。当印刷品的表面对可见光谱所有波长的辐射的反射率都在 80% ~ 90%时，视觉上的感觉便是白色，若反射率均在 4%以下则是黑色。白色、黑色和灰色物体对光谱各波长的反射没有选择性，因此也称为中性特色。

（4）彩色。

黑白系列以外的各种颜色称为彩色。任何一种彩色均由三个量表示：色相、亮度和饱和度。

①色相。

色相是色彩的基本特征，由物体表面反射到人眼视神经的色光来确定。对于单色光可以用其光的波长确定。若是混合光组成的色彩，则以组成混合光各种波长光量的比例来确定色相。例如：在日光下，印刷品表面反射波长为 500 ~ 550nm 的色光，而相对吸收其他波长的色光，则该印刷品在视觉上的感觉便是绿色。

②亮度。

光度学将颜色的亮度描述为光的数值，即光的能量，亮度可以用光度计测量。一般认为，彩色物体表面的反射率高，其亮度就大。例如，A、B 两种颜色的色相是相同的，但 A 颜色的亮度大于 B，因此在视觉上 A、B 两种颜色是有差异的。

③饱和度。

饱和度也称彩度，是指颜色的纯洁性，可见的各种单色光是最饱和的颜色。光谱色掺入的白光成分越多，就越不饱和。物体颜色的饱和度取决于该物体表面反射光谱辐射的选择性，物体对光谱某一较窄波段的反射率高，而对其他波长的反射率低或没有反射，这一颜色的饱和度就高。

色相环如图 3-10 所示。

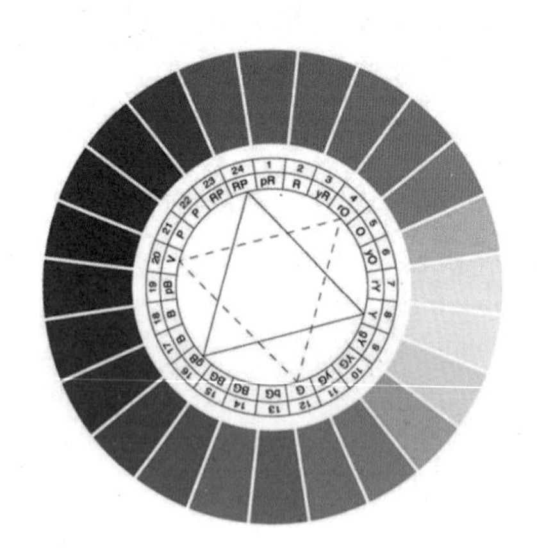

图 3-10 色相环

4. 网点的并列

彩色印刷品的亮调部分在青、品红、黄、黑各块印版和原稿亮调对应部位的网点覆盖率都比较小，网点分布稀疏，因而印刷品亮调部分的网点大多处于并列状态。当黄网点和品红网点并列时，白光照射到黄网点上，黄网点吸收蓝光，反射红光和绿光；白光照射到品红网点上，品红网点吸收绿光，反射红光和蓝光。四种色光在空间进行混合，按照色光加色法，红光、绿光、蓝光混合成白光，而余下的为红光。若两个网点的距离很小，彼此十分靠近，人眼看到的是红色。同样道理，品红网点和青网点并列时人眼看到蓝色，青网点和黄网点并列时人眼看到绿色。

两个网点并列时，产生的颜色偏色于网点较大的一方，例如大的青网点和小的品红网点并列时，产生的颜色偏青色。黄、品红、青三色网点并列时，由于油墨吸收了部分色光，纸张对色光也有不同的吸收，不能 100%地反射色光。网点的并列呈色图如图 3-11 所示。

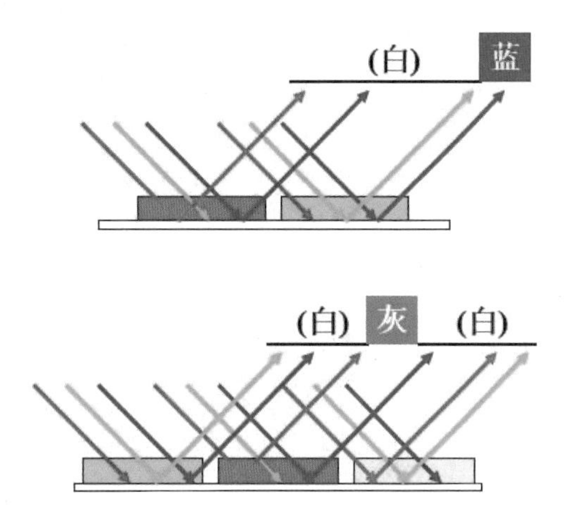

图 3-11 网点的并列呈色图

5. 网点的叠合

彩色印刷品的暗调部分，黄、品红、青、黑各块印版和原稿暗调相对应部位的网点率都比较大，网点密集，因而印刷品暗调部分的网点大都处于叠合状态。当品红网点叠合在黄网点上时，白光先照射品红网点，白光中的绿光被吸收，红光、蓝光透射到黄网点上，蓝光被黄网点吸收，再从纸面上反射出来的只有红光，人眼看到的就是红色。同样道理，品红网点和青网点叠合时人眼看到蓝色，青网点和黄网点叠合时人眼看到的是绿色。黄、品红、青三色网点叠合时，白光中的蓝、绿、红光均被吸收，人眼看到的是黑色。网点叠合再现颜色的方式，受到油墨透明度的影响，透明度低的油墨呈色效果不佳，完全不透明的油墨只能作为第一色印刷。如图 3-12 所示。

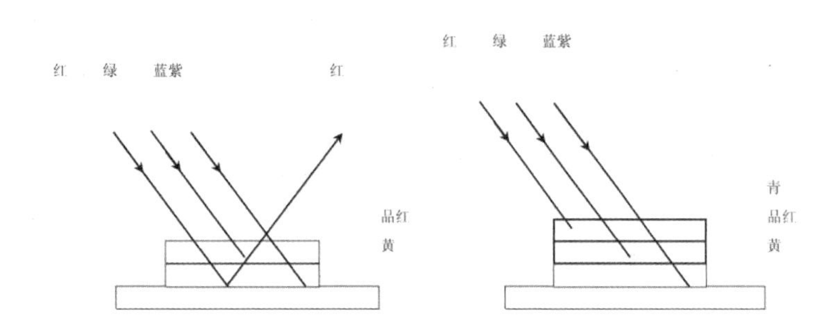

图 3-12　网点叠合呈色图

印刷品的中间调部分，层次丰富，颜色合成的方式既有网点并列又有网点叠合。

根据网点并列和网点叠合再现颜色的原理可以知道，油墨吸收色光的多少、墨层的厚度、油墨的色浓度、印刷的顺序等，均会影响颜色再现的效果。如图 3-13 所示。

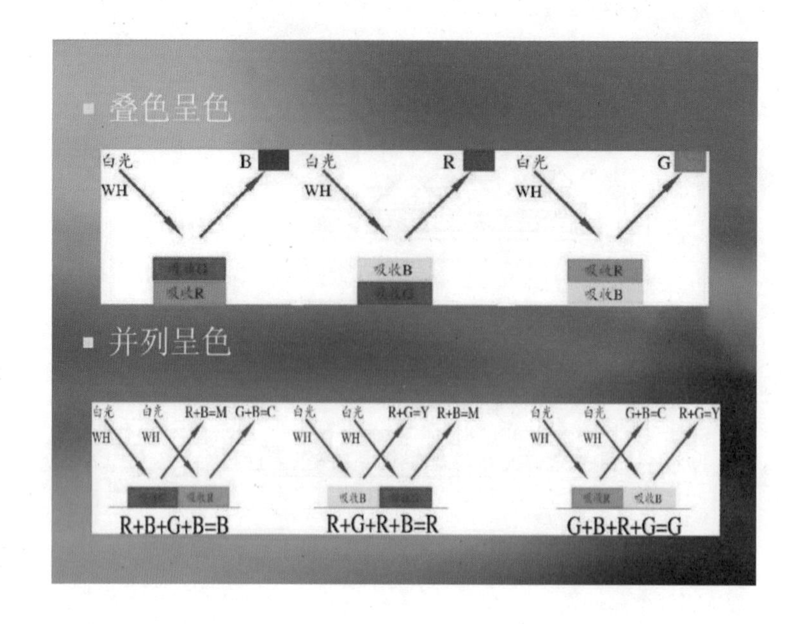

图 3-13 网点并列呈色与网点叠合呈色图

三、学习任务小结

通过本次课的学习，同学们已经理解并能掌握了网点颜色再现与阶调复制的基本概念，对网点颜色再现与阶调复制的方法及其应用特点也有了一定的认知。课后，大家要针对网点颜色再现与阶调复制内容选择相应的实操处理方法，并反复练习，做到熟能生巧。

四、课后作业

完成网点并列呈色图与网点叠合呈色图的绘制。

项目四

常用几种印刷工艺介绍

学习任务一　平版印刷工艺及应用

学习任务二　凸版（柔性版）印刷工艺及应用

学习任务三　凹版印刷工艺及应用

学习任务四　孔版印刷工艺及应用

学习任务五　数字印刷工艺及应用

平版印刷工艺及应用

教学目标

（1）专业能力：使学生能够了解平版印刷的基本概念和原理，熟悉平版印刷的工艺原理和特点。

（2）社会能力：培养学生认真、细心、诚实、可靠的品质，培养和提升人际交流的能力。

（3）方法能力：自我学习动手能力、概括与归纳能力。

学习目标

（1）知识目标：了解平版印刷的基本概念和原理，以及平版印刷的工艺流程和特点。

（2）技能目标：能够正确表述平版印刷的基本概念和原理。

（3）素质目标：具备一定的自学能力和沟通与表达能力。

教学建议

1. 教师活动

（1）教师前期收集人类社会发展不同时期的平版印刷的版材图片，并结合实物展示，丰富学生对平版印刷的认识，激发学生学习兴趣。

（2）教师引用我国古代四大发明之一印刷术，以各具特色的印刷形式作为切入点，引导学生关注和弘扬中国传统文化。

（3）教师在讲述印刷形式时，将印刷媒体技术的职业发展规划融入课堂，引导学生产生职业认同感。

2. 学生活动

（1）学生在教师的引导下，通过人类社会发展不同时期形成的各具特色的印刷形式，进一步理解平版印刷的工艺及特点。

（2）针对不同的印刷形式进行分组讨论，构建以学生为主导地位的学习模式，以小组学习、小组分工的学习形式，互助互评，以学生为中心取代以教师为中心。

一、学习问题导入

印刷术是人类历史上最伟大的发明之一，也是人类璀璨文化得以延续的重要因素之一，如图 4-1 和图 4-2 所示。经过多年的发展，各具特色的印刷形式已经形成，不同的印刷产品需要采用不同的印刷工艺。当代社会，随着专业领域计算机硬件及软件的高速发展，商业印刷的作业流程逐步实现更加完善的数字化。尤其在印前领域，彩色桌面出版系统 (desk top publishing，DTP) 的出现给当代印刷业带来了又一次革命。在计算机的控制下，扫描、数码照相机、直接制版、数码打样、数字印刷机等设备实现了数字式联合作业。

图 4-1 活字印刷术发明者毕昇

图 4-2 活字印刷术

二、学习任务讲解

平版印刷通常也称为胶印。与凸版印刷和凹版印刷不同，平版印刷的印刷图像仅仅平置于印版表面上，印版的图文部分和空白部分并无明显高低之分，几乎处于同一平面上。

平版印刷分为石版、珂罗版、PS 版（预涂感光平版）、无水平版等。除最后一种外，其他均有水平版。相关图片如图 4-3 ~图 4-7 所示。

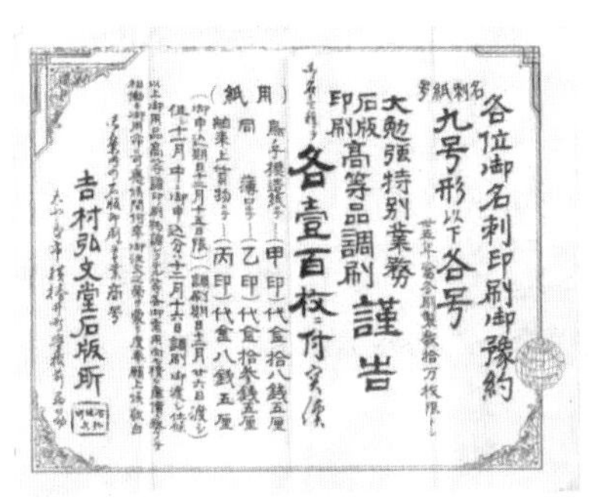

图 4-3 民国时期石版印刷厂广告

图 4-4 印刷机（石版）

图 4-5 毛公鼎铭文拓片（珂罗版）

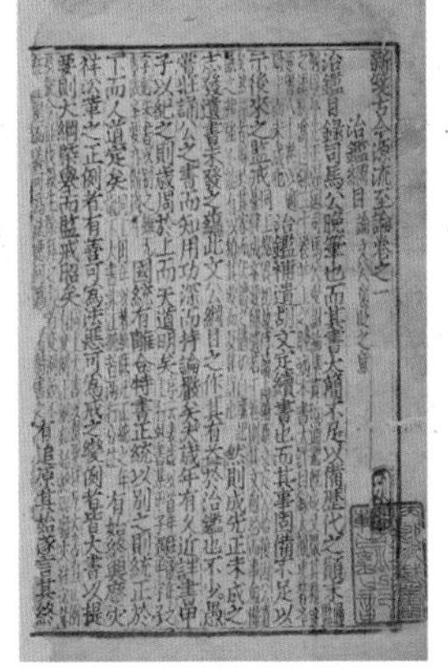

图 4-6 民国时期珂罗版

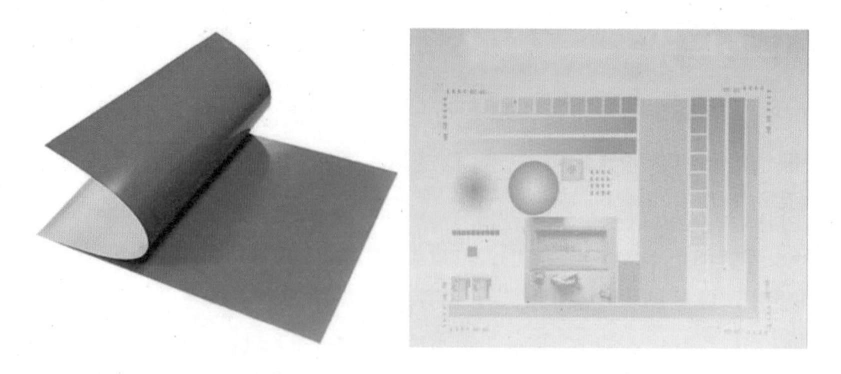

图 4-7 PS 版（预涂感光平版）

1. 早期的工艺

印刷技术发明至今已有多年的历史，在很长的一段时间里都属于在人工刻木或刻石制版转移复制的方式。如图 4-8 和图 4-9 所示。平版印刷是由石版印刷演变而来的，至今已有 200 多年历史。1976 年，德国人塞纳菲尔德发明了石版印刷术，经化学腐蚀工艺制成相应石版，将石版版面先着水后着墨，放上印刷纸张然后加压进行印刷，石版图文上的油墨将直接印在纸张上，这种印刷方式也称直接印刷法。1896 年，德国人德尔伯特发明了珂罗版的印刷工艺，在玻璃板上涂布一层感光胶，与照相底片密合曝光制成印版。1905 年，美国人鲁贝尔发明了间接平版印刷工艺，俗称胶印的印刷工艺，在印刷机的基础结构上增加一个橡皮滚筒，将印版滚筒的图文部分油墨通过橡皮滚筒间接转移到承印物上。

图 4-8 木刻金刚经首页

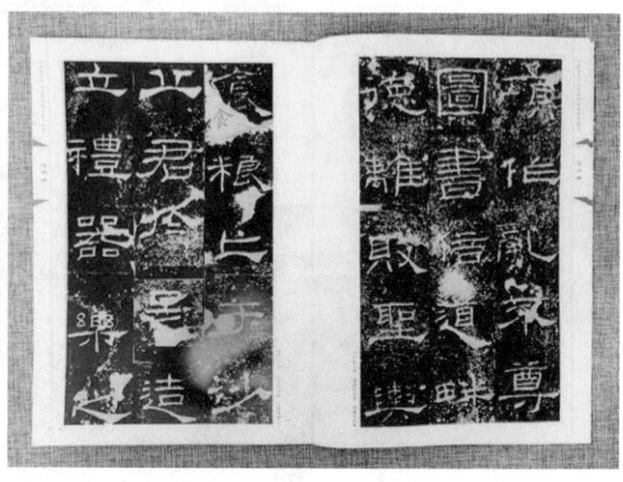

图 4-9 东汉隶书石刻书法

2. 现代的工艺

现如今平版印刷使用的是铝版，版材经砂目处理，或称“粗糙化”处理后，涂上平滑的一层感光胶。将所需图像的照相阴图放在印版上进行曝光，在感光胶上形成阳图图像。感光胶经过化学处理后去除未曝光的感光胶部分。印版装在印刷机的印版滚筒上，先在印版上着水，将水附着在印版的非图文部分或称空白部分，然后在印版上着墨，将油墨附着在印版的图文部分。

近年来，随着桌面出版的进步，以及照排机的发展，印刷企业直接跳过照相制版的中间步骤，能够直接将计算机的图像制成软片。当前，直接制版机又排除了软片的需要，可以直接在印版上成像。如图 4-10 所示。

目前大多数平版印刷采用间接印刷工艺，印版图文与原稿图文一致，均为正向。由于橡皮布具有弹性，作为转印物进行传递，不但可以使承印物在印刷时几何尺寸变化趋小，提高印刷速度，减少印版磨损，提高印版耐印力，而且可以在较粗的纸张上印出细小的网点和线条，比直接印刷更为清晰。

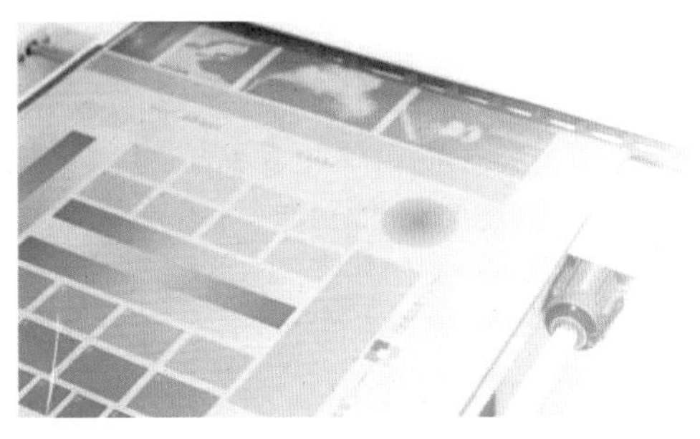

图 4-10 计算机直接制版

3. 平版印刷原理

平版印刷基于油水相斥原理，印版上的图文部分通过感光方式或转移方式，使其具有亲油性及斥水性，空白部分通过化学处理使其具有亲水性。在印刷时，利用油与水互相排斥的原理，在印版表面涂上一层薄薄的水膜，使空白部分吸附水，而图文部分因具有斥水性，不会被润湿。利用印刷部件的供墨装置向印版供墨，由于印版的非图文部分受到水的保护，油墨只能供到印版的图文部分。平版印刷也是一种间接的印刷方式。

目前，平版胶印机可以划分为两类：单张纸胶印机和卷筒纸胶印机。其工作原理如图 4-11 和图 4-12 所示。

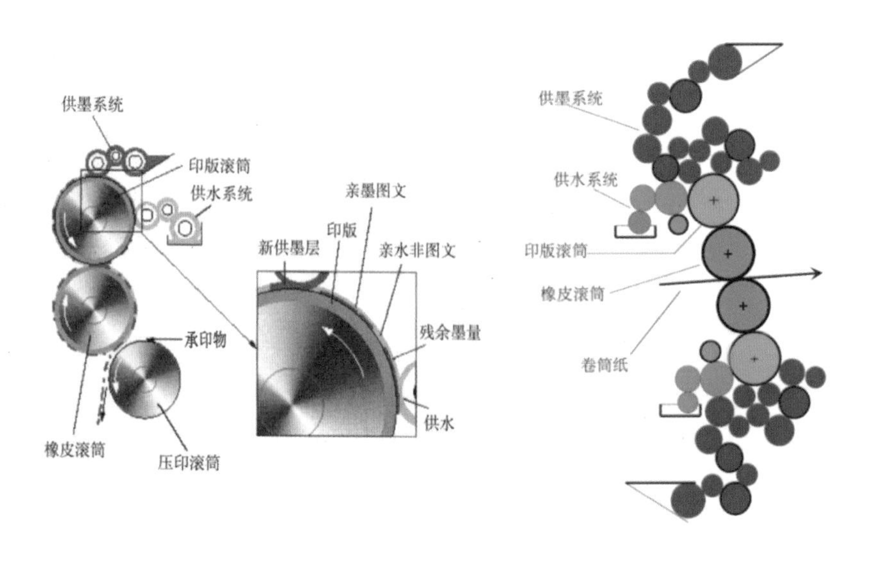

图 4-11 单张纸胶印机印刷原理

图 4-12 卷筒纸胶印机印刷原理

4. 平版印刷工艺流程

平版印刷工艺操作流程包括印刷前的准备、印刷、印后加工等。其中，印刷前的准备工作包括纸张的调湿处理、油墨的调配、印版的检查、润湿液的配置、包衬的确定、色序的确定、印刷机的调节等。其印刷工艺流程如图 4-13 所示。

首先，将所需图像的照相阴图放在印版上进行曝光，在感光胶上形成阳图图像。然后，给印版供水供墨，水被图文部分排斥，覆盖了印版的非图文部分，油墨被非图文部分排斥，黏附到油性图文部分。最后，通过压力将印版图文部分的油墨转移到橡皮布上，橡皮布作为转印物，将图文部分的油墨转移到承印物上。

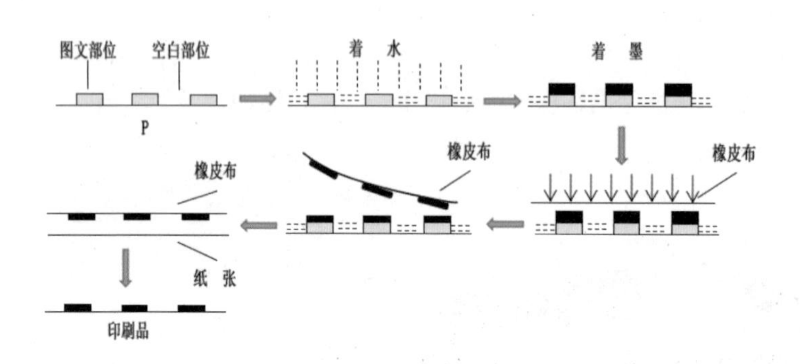

图 4-13 印刷工艺流程

5. 平版印刷的特点

（1）工艺过程特点。

印版上的图文与非图文部分几乎在同一个平面上，制版工艺简单，版材成本低廉，耐印率高，图文质量好。图文与空白部位图文精细、清晰，但水墨平衡不好控制。间接印刷，橡皮布的弹性使印刷接触良好，印版磨损小，适用于不同类型的纸张，并且周期短，印刷速度快，数据化、规范化程度高，可以连接各种印前和印后装置，达到连贯作业。

（2）平版印刷的技术特征。

①平版印刷是目前在我国印刷领域占有市场份额达到 60% 以上的一种印刷方式。由于采用橡皮布转移网点，特别是采用的气垫橡皮布的高品质网线的印刷方式，其网点再现可达到其他印刷方式无可比拟的程度。

②采用高光快干树脂型油墨，结膜性好，墨色明亮，不变色，不褪色，易于保存。

③印前数字化图像处理输出的胶片，在制作 PS 版的过程中，网点面积不易丢失，网点转换率可达 99% 以上。

④ PS 版制版时间快，一般 10 分钟内即可完成，是印刷技术中制版时间较短的一种方式。PS 版的耐印力较高，通常可达 30000 ~ 50000 次 / 版。

⑤ PS 版制版成本低，特别是相对于凹版制版，同时也较凸版、感光树脂版、柔性感光树脂版、丝网版价格低廉。

⑥采用紫外线固化 (UV) 油墨可以解决由于平印树脂型油墨干燥慢而引起的糊版、踏脏、磨花等质量问题，并且提高了油墨的光泽与色泽，满足了视觉效果。耐磨性能好，适合各类印刷材料。

⑦采用自动控制装置的平版胶印机对供水、供墨、印版压力等参数可以进行自动调节，使操作更加方便，并且相应提高了印刷质量，印速可达 15000 印张 / 小时。

（3）印刷特点。

色调再现性好，印刷质量好，成本低，印刷幅面大；墨层厚度较薄，颜色较浅，要求油墨颜色性能要好；采用半色调网点印刷，层次丰富，色彩鲜艳，但网点易变形。

6. 应用范围

平版印刷广泛应用于书刊、报纸、精美画册、广告、宣传手册、商标、挂历、地图、高档包装盒以及艺术欣赏视觉效果要求高的印刷产品，也可用于马口铁、铝片、塑料片的印刷。

三、学习任务小结

通过本次课的学习，同学们已经初步了解平版印刷的基本概念和原理，以及平版印刷的工艺流程和特点。同学们要将这些专业知识融入今后的专业学习中，为专业学习提供参考和借鉴。课后，同学们要多收集平版印刷的承印材料，了解其制作工艺过程和技术特征，激发自己的学习动手能力。

四、课后作业

（1）印刷技术在早期和现代的工艺状况。

（2）收集 10 种平版印刷的承印材料，了解其制作工艺过程。

凸版（柔性版）印刷工艺及应用

教学目标

（1）专业能力：使学生能够了解柔性版印刷的基本概念和发展前景，熟悉柔性版印刷的工艺原理和特点。

（2）社会能力：培养学生认真、细心、诚实、可靠的品质，提升人际交流的能力。

（3）方法能力：培养学生自我学习能力、概括与归纳能力、沟通与表达能力。

学习目标

（1）知识目标：了解包装设计的基本概念和发展历史，以及现代包装设计的具体内容。

（2）技能目标：能够正确表述包装设计的基本概念和发展历程。

（3）素质目标：具备一定的自学能力、概括与归纳能力、沟通与表达能力。

教学建议

1. 教师活动

（1）教师前期收集人类社会发展不同时期的图像与文字复制的技术作为展示，结合实物，丰富学生对于柔性版印刷的认识，激发学生学习兴趣。

（2）教师引用人类文明历史，将中国文明历史元素分析作为切入点，引导学生关注和弘扬中国传统文化。

（3）教师在讲述柔性版印刷时，将印刷媒体技术的职业发展规划融入课堂，引导学生产生职业认同感。

2. 学生活动

（1）学生在教师的引导下，通过感受人类文明历史，进一步了解柔性版印刷的的发展和演变。

（2）针对柔性版印刷进行分组讨论，构建以学生为主导地位的学习模式，以小组学习、小组分工的学习形式，互助互评，以学生为中心取代以教师为中心。

一、学习问题导入

印刷作为一种图像与文字复制的技术，其意义在于复制文字与图像的同时记录和传播相应的历史文化。印刷是一门用来复制的实用技术，我们所熟知的印章即早期印刷的雏形。阴文印章文字凹于印面，阳文印章文字凸出于印面。印章中包含了凸版及凹版原理，对于印刷技术颇具启迪作用。如图 4-14 和图 4-15 所示。

图 4-14 春秋战国时的印章

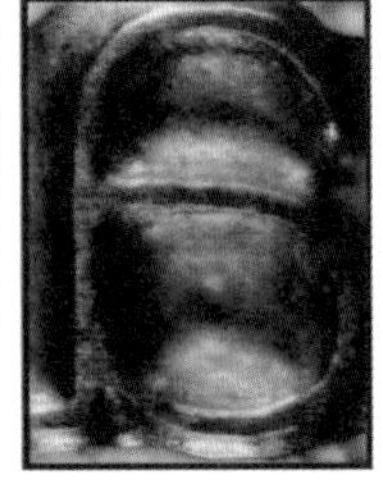

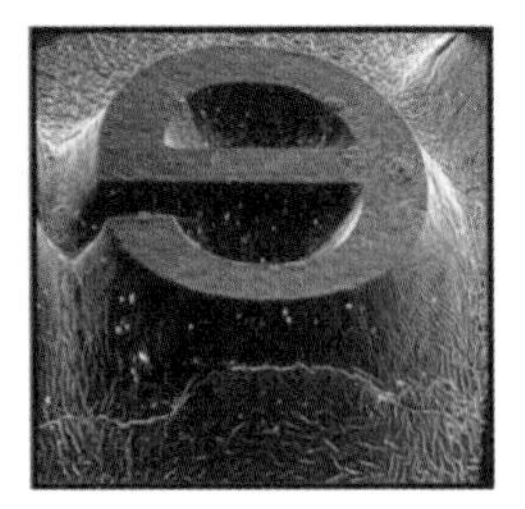

图 4-15 金属阴文

二、学习任务讲解

柔性版印刷即使用柔性版通过网纹传墨辊传递油墨施印的一种印刷方式。柔性版印刷原来是用于印刷表面非常不均匀的瓦楞纸板的，需要印版表面与纸板保持接触，因此应该具有很好的柔性。而且纸板上未印刷的高点不得印上印版上残余的油墨，这就要求印版上非图文部分具有足够的深度。

柔性版印刷源于凸版印刷。初期的凸版印刷是活版印刷，它的印版属硬版，印版的图文是反图，并且高于空白部分，突出于印版表面。当墨辊均匀地涂布油墨于版面时，只有突出印版表面的图文部分才会接触到墨辊，让油墨从墨辊转移到印版上。油墨转移到图文之后直至承印物的表面，产生一个正体的印刷图文。由于是硬质印版，如果想要较好的油墨转移效果，只能在较平滑的承印物表面进行印刷，在其他较粗糙的纸张上印刷效果较差。为了适应承印物的表面特性，柔性版版材多采用橡胶或感光聚合物制成，具有一定的弹性，能够配合不同承印物的表面特性，取得理想的油墨转移效果。如图 4-16 所示。

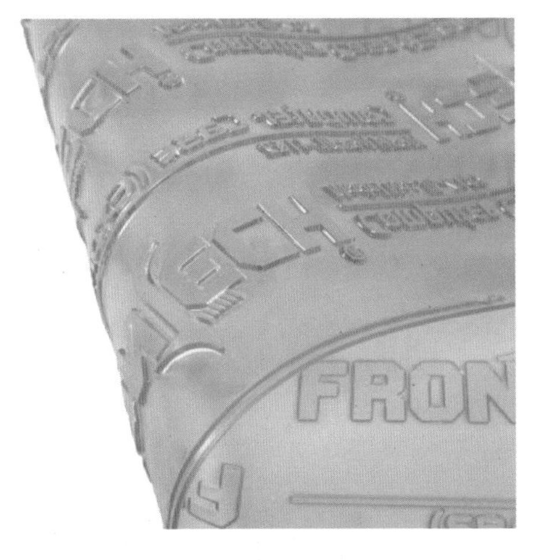

图 4-16 柔性版版材

1. 发展前景

目前，胶印在我国比较普及，凹印也已在包装行业占领了很大市场，对于柔性版印刷这种新技术，人们难免要将其与胶印和凹印进行横向比较，因为柔性版印刷的订单将要从上述两种印刷方式中分流出来，这就需要对柔性版印刷的特点有足够的了解。西方发达国家的柔性版印刷业经过数十年持续稳定的发展，几乎可以达到与胶印、凹印三分天下的地步，人们不再认为柔性版印刷只能印一些低档印刷品。随着人们的环保意识的提高和印刷市场的变化，以及柔性版印刷相关技术的发展和应用，柔性版印刷的发展前景非常广阔。并且柔性版印刷机具有独特的灵活性、经济性，对保护环境有利，符合食品包装印刷品卫生标准，这些都是柔性版印刷工艺发展较快的原因。

2. 柔性版印刷原理

在国内，柔性版印刷的印版一般采用厚度 1 ~ 5mm 的感光树脂版。网纹辊是柔性版印刷机器的传墨辊，它是柔性版印刷的核心组成部件，网纹辊表面布有凹陷的油墨孔或网状线槽，印刷时传递油墨和控制油墨传送量。与胶印相比，网纹辊简化了油墨传递结构，容易控制油墨流量，这一工艺流程的改进是柔性版印刷能获得与胶版印刷同样印品质量的重要前提。

柔性版印刷方法要求印版有一定的柔性，图文部分凸起，非图文部分凹陷。柔性版印刷过程中油墨转移非常简单，低黏度、高流动性的油墨填充网纹辊细小的着墨孔，多余的油墨被刮刀刮除，留在网纹辊着墨孔中的油墨随后转移到柔性版浮雕状的图文上，当承印材料（如塑料薄膜）通过印版滚筒和压印滚筒之间时，在压力作用下印版上的图文转移到承印材料上，从而获得清晰图文。如图 4-17 所示。常见的着墨孔形状包括锥形、柱形、球形等，截面形状有三角形、菱形、六边形等。如图 4-18 所示。

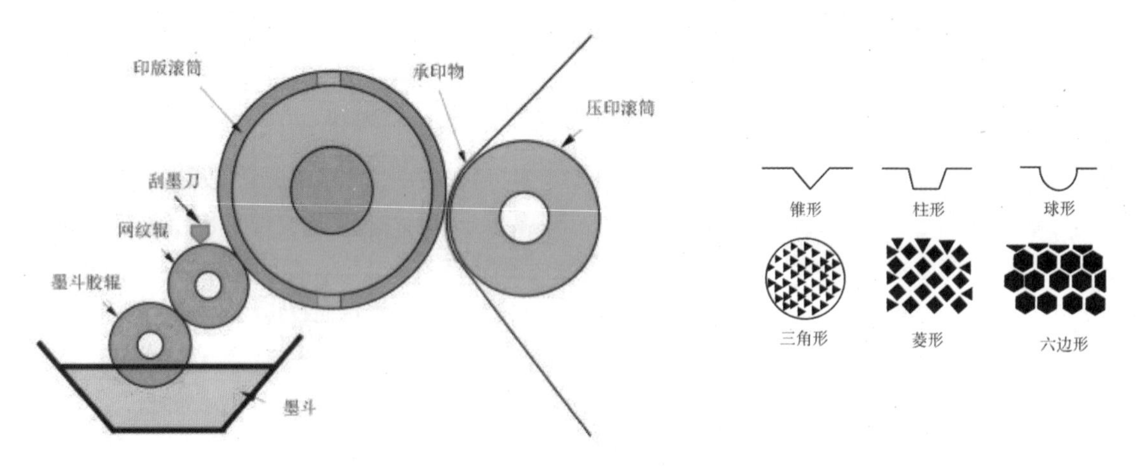

图 4-17 柔性版印刷原理

图 4-18 网纹辊的网穴形状与结构

柔性版印刷油墨的传递过程与凹版印刷相似，传墨辊直接置于油墨槽中，传墨辊转动时，将黏附在表面的油墨传递给专门传递油墨的网纹辊。网纹辊可以计量和控制油墨层的厚度，它将油墨层均匀地涂布在印版图文部分的表面，油墨在传递过程中不需匀墨过程，故柔性版印刷机的机器结构相对比较简单。

柔性版印刷机主要分为机组式柔性版印刷机和卫星式柔性版印刷机两大类。如图 4-19 和图 4-20 所示。

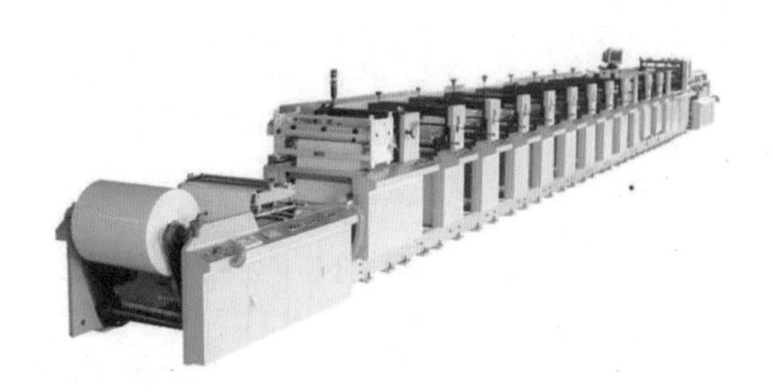

图 4-19 机组式柔性版印刷机 1

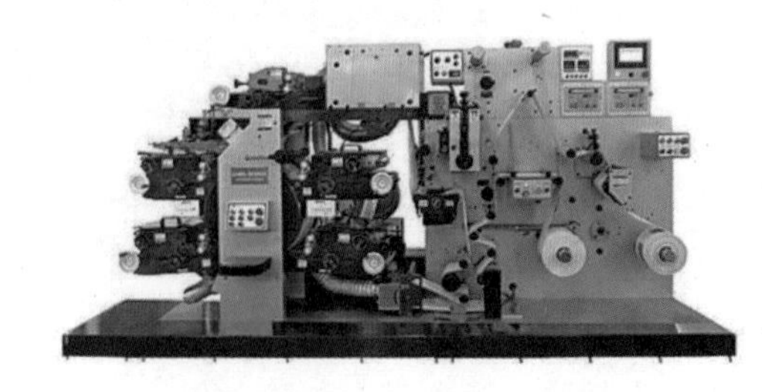

图 4-20 机组式柔性版印刷机 2

3. 柔性版印刷工艺流程

柔性版印刷工艺流程主要包括制版和印刷两大步骤。

制版过程：原稿菲林（正阴图）→ 背曝光→ 主曝光→显影冲洗→干燥后处理→后曝光贴版供上机印刷。

印刷过程：承印材料印刷（包括反面印刷）→上光油或者覆膜等模切切断检验入库。

柔性版印刷方法：将承印物以卷装形式输送至印刷机，经各个印刷单元进行印刷后，再以卷装回收或经连线分纸器切分为单张纸，于收纸端收集。印刷时在印刷部分敷以油墨，空白部分因低于印刷部分不能黏附油墨，纸张等承印物与印版接触，再由压印滚筒施以印刷压力，将印版上的油墨转移到印刷载体上，最后经干燥处理获得印刷成品。具体步骤如下：

①墨斗中的油墨转移到网纹辊上，网纹辊着墨孔和网纹辐的表面都带有印刷油墨；

②网纹辊表面的油墨在刮墨刀的作用下被刮去，油墨只存在于网纹辊的着墨孔中；

③着墨孔中的油墨在压力的作用下转移到柔性印版上；

④在印刷压力的作用下，将印版上的油墨转移到承印物上。

4. 柔性版印刷主要特点

（1）上版工艺简单。印版滚筒上刻有规矩线，将印版十字线套准规矩线用双面胶粘接牢固即可，并可在机外上版。

（2）印版柔软，对承印物具有广泛的适应性，既能印刷质地较为粗松的材料，也能印刷表面光滑的材料，如塑料薄膜、玻璃纸、金属箔、铁皮、包装纸、厚纸板、牛皮纸、瓦楞纸等材料。

（3）耐印力高，印数达 10 万 ~ 100 万。

（4）柔性版印刷，不仅能用挥发性、柔性版油墨，而且能用水性油墨，不会造成环境污染，符合食品包装印刷品卫生标准。

（5）印刷速度快，可达 150 ~ 300m/min。

（6）能与各种后加工机械连接，形成流水作业线。

5. 柔性版印刷主要优势

（1）设备结构简单，易形成生产线。

设备结构简单，使用操作和维修方便，使得柔性版印刷机的价格相对较低，印刷企业设备投资少。目前绝大部分柔性版印刷机，都与烫金、上光、起凸、裁切、分切、模切、压痕、打孔、开窗等加工工艺连线形成生产线，从而大大提高生产效率。

（2）应用范围和承印物广泛。

柔性版印刷几乎可以印刷所有的承印物，特别适用于印刷瓦楞纸。为了满足包装印刷的特殊要求，还可以与胶印、凹印、丝网印刷相结合，形成组合式印刷机。

（3）广泛使用水性油墨和 UV 油墨。

胶印、凹印、柔性版印刷三大印刷方式中，目前只有柔性版印刷广泛使用水性油墨、UV 油墨。这两类油墨无毒无污染，有利于保护环境，特别适合食品包装印刷。柔版印刷也被人们称为“绿色印刷”。

（4）成本较低。

柔性版印刷大多是生产线，多道工序一次完成，效率高；制版费用和油墨消耗都比凹印低；印刷废品率比胶印、凹印低；在同类产品的设备购买费用最低。随着柔性版印刷设备及其版材和原辅材料在我国的本土化生产，其成本会逐步降低。柔性版印刷成本低的优势会更加突出。

（5）印刷质量可以满足要求。

柔性版印刷可以印刷色块图案，也可以印刷精美的多色套印图案。在同样条件下，柔性版印刷可以达到胶印的质量，接近凹印的质量。在 PVC 膜上印刷可以达到凹印的效果。

6. 应用范围

柔性版印刷是包装装潢印刷中一种重要的印刷方法，应用于印刷器皿、折叠的外包装箱、袋、食物包装盒、标签、信封及包装纸等。由于柔性版具有弹性，特别适合于只能承受低压力的承印物，如瓦楞纸箱等。由于其生产过程健康无污染，更多重视环境保护的国际知名企业的产品外包装纸、袋等都采用柔性版印刷技术。在国内生产的与食品、饮料有关的水杯、餐具以及纸盒等产品大部分也采用这种印刷技术。此外柔性版印刷也应用于出版业，主要印刷漫画、纸张插页等。

三、学习任务小结

通过本次课的学习，同学们已经初步了解柔性版印刷的基本原理和发展，以及柔性版印刷的工艺流程和优势特点。同学们要将这些专业知识融入今后的专业学习，为专业学习提供参考和借鉴。课后，同学们要多收集柔性版印刷的承印材料，了解其制作工艺过程和技术特征，激发自己的学习动手能力。

四、课后作业

（1）分析柔性版印刷的工艺流程和优势特点。

（2）收集 10 种柔性版印刷的承印材料，了解其制作工艺过程。

凹版印刷工艺及应用

教学目标

（1）专业能力：使学生能够了解凹版印刷的基本概念和发展前景，熟悉凹版印刷的工艺原理和特点。

（2）社会能力：培养学生认真、细心、诚实、可靠的品质，提升人际交流的能力。

（3）方法能力：概括与归纳能力、沟通与表达能力。

学习目标

（1）知识目标：了解凹版印刷的基本概念、工艺流程和特点。

（2）技能目标：能够正确表述凹版印刷的基本概念和原理。

（3）素质目标：具备一定的自学能力和案例分析能力。

教学建议

1. 教师活动

（1）对凹版印刷技术的图片进行播放与展示，结合实物，丰富学生对于凹版印刷的认识，激发学生学习兴趣。

（2）引导学生关注和弘扬中国传统文化。

（3）讲述凹版印刷的同时，将印刷媒体技术的职业发展规划融入课堂，引导学生产生职业认同感。

2. 学生活动

（1）学生在教师的引导下，通过感受人类文明历史，进一步了解凹版印刷的发展和演变。

（2）针对凹版印刷进行分组讨论，构建以学生为主导地位的学习模式，以小组学习、小组分工的学习形式，互助互评，以学生为中心取代以教师为中心。

一、学习问题导入

凹版印刷是使整个印版表面涂满油墨，然后用特制的刮墨机构，把空白部分的油墨去除干净，使油墨只存留在图文部分的网穴之中，再在较大的压力作用下，将凹版凹坑中所含的油墨直接压印到承印物上，获得印刷品的一种印刷方法。凹版印刷也是一种直接印刷方法，印版的图文部分凹陷，且凹陷程度随图像的层次有深浅的不同，印版的空白部分凸起，并在同一平面上。所印画面的浓淡层次是由凹坑的大小及深浅决定的，如果凹坑较深，则含的油墨较多，压印后承印物上留下的墨层就较厚；相反如果凹坑较浅，则含的油墨量就较少，压印后承印物上留下的墨层就较薄。凹版印刷如图 4-21 所示。

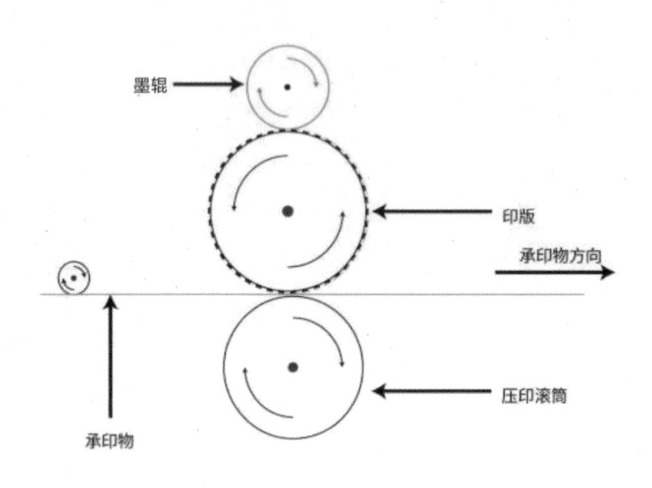

图 4-21　凹版印刷

二、学习任务讲解

1. 发展前景趋势

(1) 集约化发展进程加快。

随着国家环保政策的落实到位和凹版印刷技术快速提升，大型凹印制版企业通过加速环保设施的升级改造、激光直雕等新技术和高端设备的快速引进，逐步拉开了和中小制版企业的差距，凹版印刷和凹印制版行业向集集约化发展进程加快。

(2) 柔性制造要求提高。

随着近年来消费升级和消费多元化趋势的出现，在传统标准化消费品市场继续稳定扩大的同时，个性化、多元化和小批量化的市场需求不断涌现，这给凹印制版行业带来了新增长点。为满足日益涌现的个性化、多元化、小批量化的市场需求，要求凹印制版企业加快自身设备自动化、信息化的改造，依靠技术创新和管理创新，实现柔性制造，为客户提供高端化和个性化的产品。

(3) 技术要求提高。

随着市场需求的高品质化和精细化，凹印制版设备和技术进入快速升级阶段，激光刻膜和激光直雕等新技术和高端设备的快速引进，色彩管理技术的不断进步，我国制版行业龙头企业的技术水平逐渐达到国际先进水平，国产高端版辊不断替代进口产品，我国凹印制版行业进入一个新的高质量发展阶段。

(4) 环保趋势明显。

随着我国经济进入高质量发展阶段，社会的环保意识逐渐加强，建设环境友好型企业，发展绿色制造，已成为社会共识。近年来，凹印制版行业也在加快环保设施的升级改造，不断开发绿色技术，发展绿色产品。凹印制版行业的未来在于继续集约化发展的同时，建设技术含量高、无污染、低能耗的现代化产业。

2. 凹版印刷的原理

凹版印刷的原理与凸版印刷正好相反，印纹部分凹于版面，非印纹部分则是平滑的。当油墨滚在版面上后，自然陷入凹陷的印纹中，印刷前将印版表面的油墨刮擦干净，只留下凹纹中的油墨，放上纸张并施以压力后，凹陷部分的印纹就被转印到纸上。即先使整个版面涂满油墨，再用特制刮墨机构去除空白部分的墨，使墨只留在图文部分的“孔穴”之中，再在较大的压力作用下，将油墨转移到承印物表面。

凹版印刷的原理如图 4-22 ~图 4-24 所示。

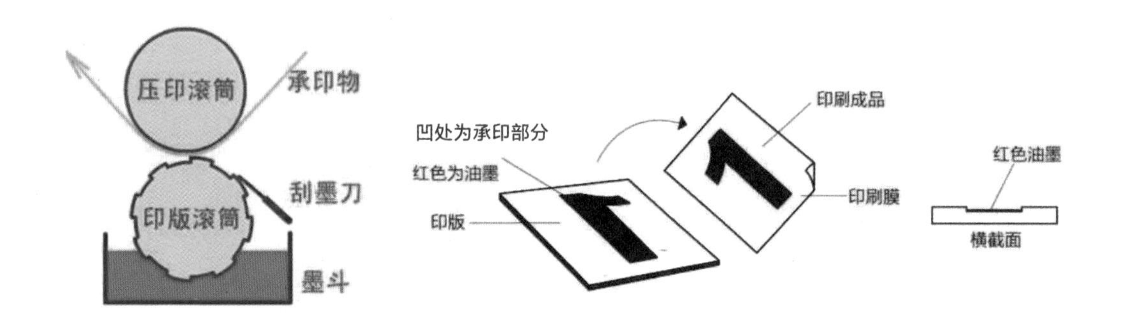

图 4-22 凹版印刷的原理 1　　图 4-23 凹版印刷的原理 2

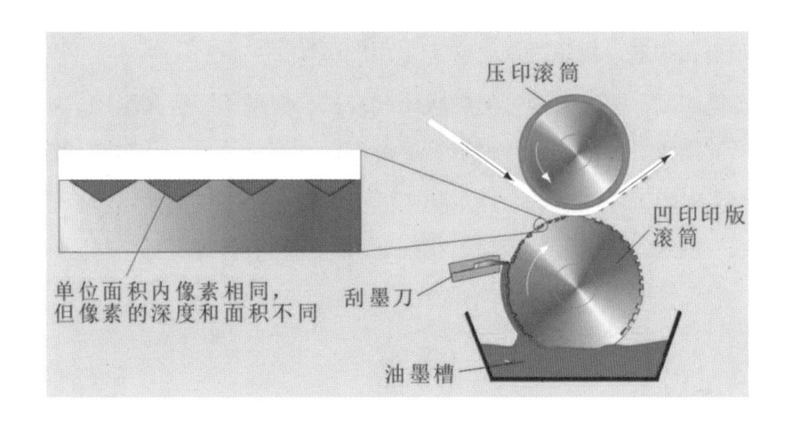

图 4-24 凹版印刷的原理

3. 凹版印刷工艺流程

凹版印刷即凹印，是一种复杂的印刷工艺。凹版顾名思义，印版是凹型的，其印刷原理是用圆滚型凹版将油墨转移到承印物上。工艺流程是将输出图案用电雕机直接雕刻到金属圆滚上，需要制作金属圆滚的坯，为了方便雕刻还要电镀一层铜之类的软金属，雕刻完成后，再镀一层铬之类的硬金属，使圆滚版更耐用，所以这种凹版印刷的工艺周期较长，成本也很高，可印量较大，一般适合于长版印刷（长版指印刷数量较大，反之印刷数量较少，称短版印刷）。因为凹版印刷产品对颜色要求较高，有时专色使用较多，所以凹印机的印刷色数达 8 ~ 10 色，而普通胶印一般为 4 色。凹版印刷的承印物一般是卷筒式的纸张或塑料膜。我们平时常见的食品包装一般都采用凹版印刷工艺印制。其工艺流程如图 4-25 所示。

4. 凹版印刷的特点及应用

（1）凹版印刷的优点。

①墨层厚实、墨色均匀、色彩鲜艳。

②承印材料广泛。

③印刷工艺简单、耐印力高。

④具有防伪性。

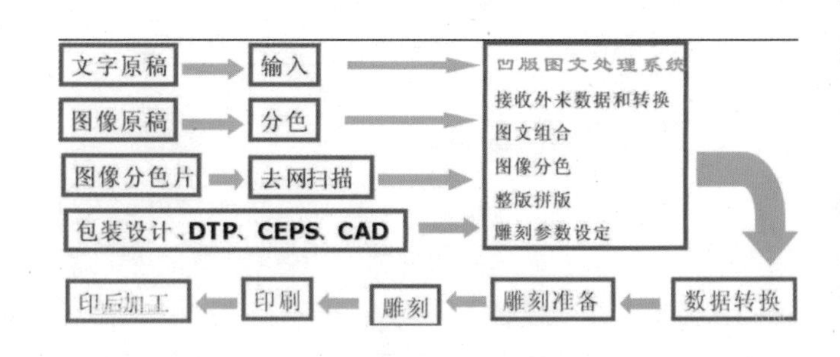

图 4-25 凹版印刷工艺流程

（2）凹版印刷的缺点。

①图像、文字使用相同的分辨率，会导致毛刺现象。

②制版成本高，劳动强度大，污染环境。

③工艺周期长，污染较大。

凹版印刷防伪性较好，按原稿图文刻制的凹坑载墨，线条的粗细及油墨的浓淡层次在刻版时可以任意控制，不易被模仿和伪造，尤其是墨坑的深浅，依照印好的图文进行逼真雕刻的可能性非常小。

（3）凹版印刷的应用。

目前的纸币、邮票、股票等有价证券，一般都用凹版印刷，其具有较好的防伪效果。目前一些企业的商标甚至包装装潢已有意识地采用凹版印刷，说明凹版印刷是一种较有生命力的防伪印刷方法。并且一般的软材料都可以作为凹版印刷的承印物，如塑料、纸张、铝箔等，特别对于一些易于延伸变形的材料，如纺织材料等，具有较好的适应性，这是凸版印刷和平版印刷所不能比拟的。凹版印刷的印刷质量高，用墨量大，图文具有凸感，且层次丰富，线条清晰，如书刊画报、包装装潢等大多采用凹版印刷。

凹版印刷可以实现大批量印刷，凹版印刷虽然制版周期较长，但是印版经久耐用，所以适宜大批量的印刷。批量越大，效益越高，对于批量较小的印刷，效益较低。所以凹版方法不适用于批量较小的商标的印刷。

凹版印刷有广泛的应用：出版领域的杂志、样本和内插页，包装领域的折叠纸盒、软包装、包装纸、标签，特殊产品领域的礼品包装纸、壁纸、装饰复合板材，纺织领域的布料转移印花等。

三、学习任务小结

通过本次课的学习，同学们已经初步了解凹版印刷概述与原理和凹版印刷工艺流程，以及凹版印刷的特点及应用。同学们要将这些专业知识融入今后的专业学习，为专业学习提供参考和借鉴。了解凹版印刷制作工艺过程和技术特征。

四、课后作业

简述凹版印刷的工艺流程和优势特点。

孔版印刷工艺及应用

教学目标

（1）专业能力：了解孔版印刷的基本概念，熟悉孔版印刷的工艺原理和特点。

（2）社会能力：培养学生认真、细心、诚实、可靠的品质，提升人际交流的能力。

（3）方法能力：自我学习能力、沟通与表达能力。

学习目标

（1）知识目标：了解孔版印刷的基本概念、工艺流程和特点。

（2）技能目标：能够正确表述孔版印刷的基本概念和原理。

（3）素质目标：具备一定的概括与归纳能力、案例分析能力。

教学建议

1. 教师活动

（1）对孔版印刷技术的图片进行播放与展示，结合实物，丰富学生对于孔版印刷的认识，激发学生学习兴趣。

（2）引导学生关注和认识孔版印刷。

（3）讲述孔版印刷的同时，将印刷媒体技术的职业发展规划融入课堂，引导学生产生职业认同感。

2. 学生活动

（1）学生在教师的引导下，通过感受人类文明历史，进一步了解孔版印刷的发展和演变。

（2）针对孔版印刷进行分组讨论，构建以学生为主导地位的学习模式，以小组学习、小组分工的学习形式，互助互评。

一、学习问题导入

孔版印刷也称丝网印刷，是将印版上的印纹部分镂空成细孔，非印纹部分不透的印刷形式。印刷时将油墨装置在版面之上，而承印物则在版面之下，印版紧贴承印物，用刮板刮压使油墨通过网孔渗透到承印物的表面，是让油墨透过网孔转印的方法。当承印物为玻璃、金属、塑料等材质，或者是瓶状、罐状等曲面，或者有浮出效果等特殊印刷需求时，大多会采用丝网印刷。丝网使用的材料有绢布、金属、蜡纸及合成材料等。

孔版印刷操作简便、油墨浓厚、色泽鲜艳，不仅能在平面上印刷，也能在立体承印物上印刷，印制的范围和对承印物的适用性广。其缺点则是印刷速度慢，以手工操作为主，不适合批量印刷。如图 4-26 所示。

图 4-26 孔版印刷

二、学习任务讲解

1. 发展前景趋势

孔板印刷目前在我国发展迅速，产业规模不断扩大。在我国孔板印刷企业群体中，仍以手工和半自动机为主，使用全自动机的厂家较少，而且用全自动机者多为瓷用花纸和包装行业，更倾向于使用单色机，大幅面多色网印机领域依旧存在空白，国产器材的技术水平和发达国家尚有差距。机器、设备、材料的总体技术质量水平有待提高。

孔板印刷与其他印刷方法相结合的形式的显现，决定了孔板印刷在包装印刷领域占有不容忽视的地位，逐步成为包装印刷领域要紧的印刷工艺之一。随着当代科技的快速进展，运算机与电子扫描技术已渗透各个领域，形成了科技与行业技术的交叉与相融。在科技浪潮的冲击之下，印刷领域中的印前系统已产生了质的变化，印刷中的原稿采集、图像处理、分色制版均为彩色桌面系统代替，速度快，精度高。

2. 孔版印刷的原理

孔版印刷文件的基本原理：图文部分是由大小不同的孔洞组成的，印刷时，在压力的作用下，油墨透过孔洞印到纸张表面，形成印刷图文。孔版印刷也被称为滤过版印刷。孔版的制作有的是用打字机打印蜡纸制作的，有的用誊写钢版、铁笔刻成的誊写蜡纸孔版，有的是用光电誊影机扫描制成的孔版，还有的是通过照相晒蚀成的丝网版。孔版印刷是在刮板的作用下，丝网框中的丝印油墨从丝网的网孔中漏至印刷承印物上，印版非图文部分的油墨由于丝网网孔堵塞，油墨不能漏至承印物上，从而完成印刷品的印刷。如图 4-27 ~图 4-29 所示。

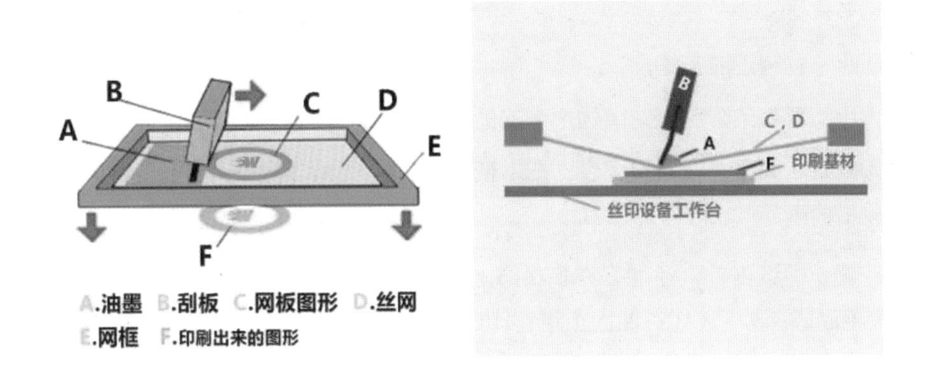

图 4-27 孔板印刷的原理 1　　图 4-28 孔板印刷的原理 2

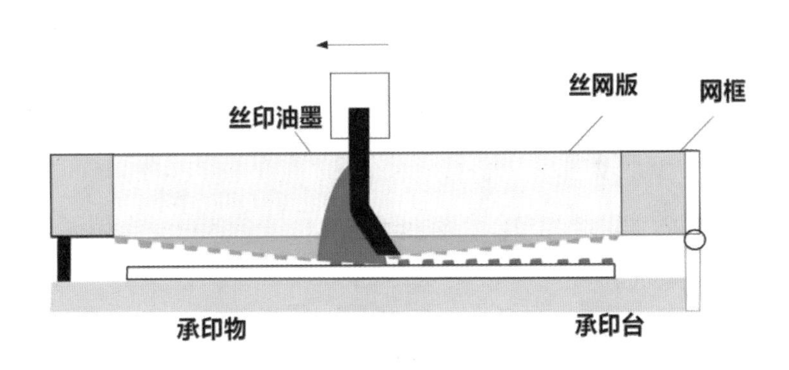

图 4-29 孔板印刷的原理 3

3. 孔版印刷的工艺流程

孔板印刷可以采用手工方式或机械方法进行，一般以手工印刷为基础：印刷准备→刮墨板调整→印刷→印品干燥。

（1）印刷准备。

印刷准备包括丝网印版安装在印刷机上、调整印刷间隙、确定承印物的位置、调配印刷油墨等。

（2）刮墨板调整。

孔板印刷应使用屈服值较低的油墨，油墨的黏度不能过高。为了使油墨在压力推动下，从丝网版孔中溢滚出来，刮墨板起到重要的作用。因此，刮墨板要有良好的弹性、耐油墨溶剂性和耐磨性，常用肖氏硬度为 60 ~ 80 的天然橡胶、硅橡胶、聚氧酯橡胶等材料，可根据油墨的溶剂选择使用。刮墨板的形状有直角形、圆角形、斜角形等。刮墨板与丝网板的夹角越小，刮墨板速度越慢，印品上的墨量就越大。印刷时，根据承印物材质选择刮墨板形状，根据要求的墨层厚度调整刮墨刀的角度。

（3）干燥。

孔板印刷的油墨干燥慢，墨层厚，妨碍了高速生产，需要有干燥装置，促使油墨的干燥和防止重叠粘脏。干燥的机械有干燥架、回转移动式干燥机、喷气干燥机、红外线干燥机、紫外线硬化装置等。

4. 孔版印刷的特点及应用

（1）孔版印刷的特点。

①墨层厚、覆盖力强，图文层次丰富、立体感强。

②适合各种类型的油墨。

③印刷方式灵活多样。

④版面柔软印压小，物料适应范围广。

⑤不受本印物大小和形状的限制，对印物形态的适应性强。

⑥制版快速、印刷方法简便、设备投资少、成本低。

（2）孔版印刷的应用。

孔版印刷的承印物，除纸张外，还能在许多材料上进行印刷，又因版面柔软，印刷时需要压力小，印刷的墨层厚，所以除印刷平面印品外，还能在曲面上进行印刷，适合平面及曲面的硬质、软质印刷物体，包含塑胶面、车外大型海报、印刷电路板、局部上光、 转写纸、布料等。一般应用于下列各方面。

①纸张：能在纸、纸板、瓦楞纸上印刷。

②塑料：能在平面塑料上印刷，也能在成型的塑料瓶、杯、盘、玩具上印刷。

③织物：能在各种棉织、丝织、针织品上印刷图案花纹。

④金属：能印在各种金属如铅板、铝箔、铁板等材料上，制成标牌、容器筹。

⑤玻璃：能在成型的玻璃容器、杯、盘、瓶上直接印刷。

⑥印刷电路板：能印成单面的印刷电路板、双面的印刷电路板、厚膜积层电路板。

⑦建材：能印成木纹板、袋饰板。

孔版印刷使用越来越广泛，为适应各种印刷，各种印刷方式应运而生。

三、学习任务小结

通过本次课的学习，同学们已经初步了解孔版印刷概述与原理，以及孔版印刷的特点及应用。同学们要将这些专业知识融入今后的专业学习，为专业学习提供参考和借鉴。

四、课后作业

（1）孔版印刷的工艺流程和优势特点。

（2）列举孔版印刷的应用。

数字印刷工艺及应用

教学目标

（1）专业能力：使学生能够了解数字印刷的基本概念和发展前景，熟悉数字印刷的工艺原理和特点。

（2）社会能力：培养学生认真、细心、诚实、可靠的品质，提升人际交流的能力。

（3）方法能力：培养学生自我学习能力、概括与归纳能力、沟通与表达能力。

学习目标

（1）知识目标：了解数字印刷的基本概念和原理，以及数字印刷的工艺流程和特点。

（2）技能目标：能够正确表述数字印刷的基本概念和原理。

（3）素质目标：具备一定的自学能力、概括与归纳能力、沟通与表达能力。

教学建议

1. 教师活动

（1）对数字印刷技术的图片进行播放与展示，结合实物，丰富学生对于数字印刷的认识，激发学生学习兴趣。

（2）引导学生关注和认识数字印刷。

（3）讲述数字印刷的同时，将印刷媒体技术的职业发展规划融入课堂，引导学生产生职业认同感。

2. 学生活动

（1）学生在教师的引导下，通过感受人类文明历史，进一步了解数字印刷的发展和演变。

（2）针对数字印刷进行分组讨论，构建以学生为主导地位的学习模式，以小组学习、小组分工的学习形式，互助互评。

一、学习问题导入

数字印刷是指利用某种技术或工艺手段将数字化的图文信息直接记录在印版或承印介质（纸张、塑料等）上，也就是说将由计算机处理好的数字页面信息经数字印刷机经过 RIP 处理，激光成像，直接输出到承印物上的工艺技术，从而取消了分色、拼版、制版、试车等步骤，直接将数字页面转换成印版或印刷品，而无须经过包括印版在内的任何中介媒介的信息传递。数字印刷是全数字化的印刷技术，其技术核心是全数字化工作流程，其过程是从计算机直接到印版或印张，即 CTP（computer to plate）技术。数字印刷从输入到输出整个过程可以由一个人控制。

二、学习任务讲解

1. 发展前景趋势

数字印刷是现在较为普遍的印刷方式，也是胶印、网印和柔性版印刷的补充，数字印刷就是通过电脑打印装置，直接进行在线印刷的一种新型印刷工艺。随着我国数字技术的不断发展和进步，数字印刷已经由简单的彩色打印机向数字专用印刷机方向发展，印刷材料也由专用的打印纸向包装印刷材料方向转变，印刷幅面由传统的小规格向大幅面方向发展，使印刷方式区别于传统意义上的工艺加工，而具备了全新的特点。

2. 数字印刷的原理

（1）电子照相：又称静电成像技术，利用激光扫描的方法在光导体上形成静电潜影，再利用带电色粉与静电潜影之间的电荷作用力实现潜影，作用将色粉影像转移到承印物上完成印刷，是应用广泛的数字印刷技术。

（2）喷墨印刷：是将油墨以一定的速度从微细的喷嘴射到承印物上，然后通过油墨与承印物的相互作用实现油墨影像再现。按照喷墨的形式将其分为按需（脉冲）喷墨和连续喷墨。

（3）连续喷墨：连续喷墨系统利用压力使墨通过窄孔形成连续墨流。高速使墨流变成小液滴。小液滴的尺寸和频率取决于液体油墨的表面张力、所加压力和窄孔的直径。在墨滴通过窄孔时，使其带上一定的电荷，以便控制墨滴的落点。带电的墨滴通过一套电荷板使墨滴排斥或偏移到承印物表面需要的位置。而墨滴偏移量和承印物表面的墨点位置由墨滴离开窄孔时的带电量决定。

（4）按需喷墨：也称脉冲给墨，按需供墨与连续供墨的不同在于作用于储墨盒的压力不是连续的，只是当有墨滴需要时才会有压力作用，受成像计算机的数字电信号的控制。由于没有了墨滴的偏移，墨槽和循环系统就可以省去，简化了打印机的设计和结构。通过加热或压电晶体把数字信号转成瞬时的压力。压电技术是产生墨滴最简单的方式之一。利用压电效应，当压电晶体受到微小电子脉冲作用时会立即膨胀，使与之相连的储墨盒受压产生墨滴。其中，具有代表性的喷墨技术是压电陶瓷技术。

（5）电凝成像技术：基本原理是通过电极之间的电化学反应导致油墨发生凝聚，使油墨固着在成像滚筒表面形成图像区域，而没有发生电化学反应的空白区域的油墨仍然是液体状态，通过一个刮板将空白区域的油墨刮去，使滚筒表面只剩下图文区固着油墨，再通过压力作用转移到承印物上，完成整个印刷过程。

（6）磁记录数字印刷机：依靠磁性材料的磁子在外磁场的作用下定向排列，形成磁性潜影，利用磁性色粉与磁性潜影之间磁场力的相互作用完成显影过程，最后将磁性色粉转移到承印物上。这种方法一般只适合黑白影像，不易实现彩色影像。Xeikon 的一些产品为磁记录数字印刷机。

（7）静电成像数字印刷机：利用激光扫描的方法在光导体上形成静电潜影，再利用带电色粉与静电潜影之间的电荷作用力实现潜影，将色粉影像转移到承印物上完成印刷。这是目前广泛应用的数字印刷技术。代表厂商一种是采用电子油墨显影，以 HP Indigo 公司为代表；另一种是采用干色粉显影，主要有 Xeikon、

Xerox、Agfa、Canon、Heidelberg、ManRoland 和 IBM 等公司。

3. 数字印刷的工艺流程

数字印刷的工艺流程如图 4-30 和图 4-31 所示。

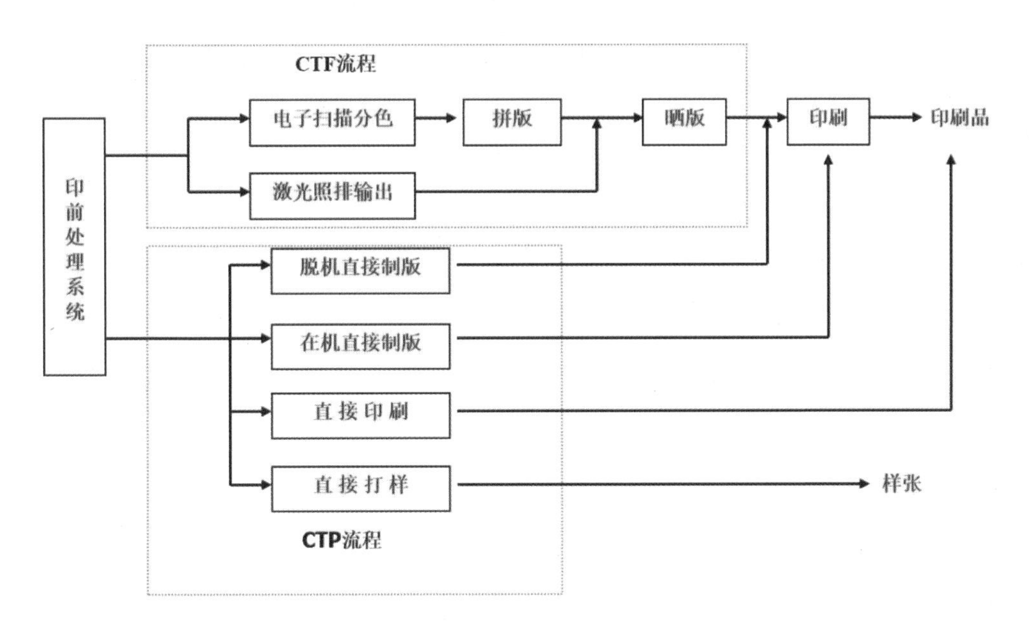

图 4-30　数字印刷的工艺流程 1

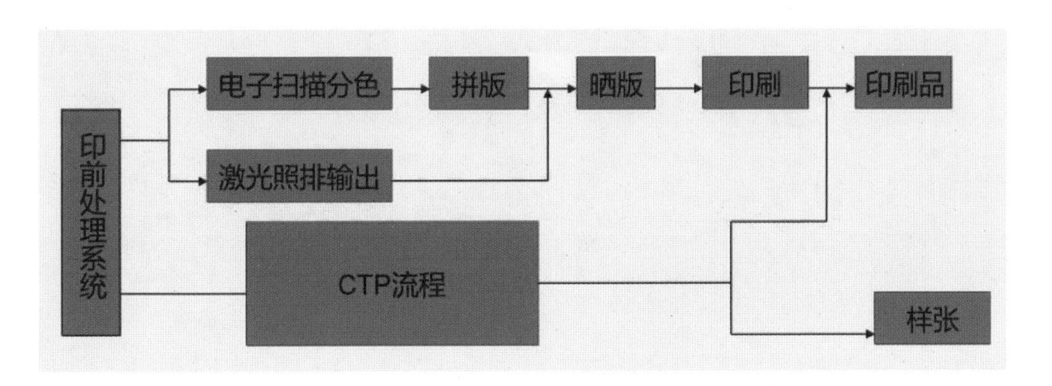

图 4-31　数字印刷的工艺流程 2

4. 数字印刷的特点及应用

（1）特点。

①全数字化。

②印前、印刷和印后一体化。

③灵活性高。

④印刷周期短。

⑤可实现短版印刷。

⑥可实现按需生产。

（2）应用。

①按需服务，按需印刷，按需出版。

②个性化印刷。

③数字印刷技术与网络技术。

生活上的应用：照相馆、婚纱影楼、景点、医院、学校等。

工业上的应用：对于塑胶、电子、五金、有机玻璃等行业样品打样及产品批量生产起到了快速出样、加工成本降低的效果。

三、学习任务小结

通过本次课的学习，同学们已经初步了解数字印刷的概述与原理、工艺过程和技术特征，以及数字印刷的特点及应用。同学们要将这些专业知识融入今后的专业学习，为专业学习提供参考和借鉴。

四、课后作业

（1）数字印刷的工艺流程和特点。

（2）了解数字印刷的原理。

项目五

印前处理概述

学习任务一　印前常用软件
学习任务二　图形、图像处理
学习任务三　印前检查

印前常用软件

教学目标

（1）专业能力：掌握印前领域图像处理所涉及的基本理论与操作方法。

（2）社会能力：关注印前领域图形、图像处理的实操技能，通过实操能完成印前相关工作。

（3）方法能力：案例收集和分析能力。

学习目标

（1）知识目标：了解印前的各种图像处理软件，掌握各种软件的操作与应用方法。

（2）技能目标：具备一定的印前图形、图像处理软件的操作技能。

（3）素质目标：具备创造性思维能力和艺术表现能力，以及一定的语言表达能力。

教学建议

1. 教师活动

（1）通过向学生讲述和分析各种图像软件，引导学生收集相关案例，并对案例的相关知识点进行分析，让学生认知各种图像处理软件。

（2）运用多媒体课件、教学图片等多种教学手段，分析并讲解各种图像处理软件的应用范围，鼓励学生对所学内容进行总结和概括。

2. 学生活动

（1）根据教师展示的各种图像处理软件案例，分组按要求分析每个案例产生的效果，并制作 PPT 进行汇报讲解，从而提升分析能力和表达能力。

（2）突出学以致用的目标，学生在设计的训练过程中，能够对不同的各种图像处理软件进行分析。

一、学习任务导入

印前处理是指印刷前期的工作，一般指摄影、设计、制作、排版、输出菲林打样等，所有印刷前处理档案都可统称为印前处理。印前处理分传统和数字化两类：传统就是菲林处理，数字化就是 CTP 制作，即电脑制版。一个是提前对需要制作的设计稿进行设计，一个是对不充足的地方进行修改。

二、学习任务讲解

1. 印前处理的概念

印前处理技术就是通过计算机的硬件和软件手段完成出版前的各项工序的技术。电子印前处理在 20 世纪 80 年代得到较快发展，但直到 20 世纪 90 年代才出现真正意义上的电子印前处理系统。电子印前系统的研究内容主要分为专用计算机硬件和专用计算机软件两部分：专用计算机硬件包括光栅图像处理器、加速图像处理芯片、图像扫描仪、高精度激光照排机和各式打印机及硬件；专用软件系统包括彩色管理软件、分色软件、排版和修版软件等。电子印前处理使印刷摆脱了手工的排版工作，提高了印刷技术的工作效率。

2. 印前处理的步骤

印前处理是制作高水准印刷材料的重要环节。为确保制作出完全符合预期标准的印刷文件，必须谨慎处理设计布局并根据指定印刷设备做相应的准备。印前处理包括以下步骤。

（1）图片处理，智能抠图换背景。

①将人物素材图上传到在线图片编辑软件中，点击“一键抠图”相关按钮，系统就会自动识别图片素材，将人物区域大致抠出。

②使用“保留删除”画笔工具，调整抠图选区。使用“处理发丝”功能，涂抹到仍掺杂原背景色的发丝部位，去除背景杂色。

③将抠出的人物透明图片缓存到图片编辑软件后台，新建画布，加入用户更换的背景图片，调取出刚刚处理的人物素材，进行合成。

（2）色彩校正。

完整的色彩校正通常分为两个前提：一是输入设备校正，如扫描仪；二是输出设备校正，如打印机。精确地校正输入和输出设备后，扫描仪就可以准确地捕捉色彩，打印机也可以忠实地表现色彩。

（3）色彩管理。

色彩管理是运用软、硬件结合的方法在印刷生产系统中自动统一管理和调整颜色，以保证在整个过程中颜色的一致性。印刷色彩管理的意义如下。

①由传统彩色复制的基本要求所决定的，即按纸张、油墨及其他印刷条件进行基本的操作，包括阶调复制、灰平衡及色彩校正等内容。

②特定于桌面出版系统的自动色彩管理，即以软件的方式来进行校准，对不同色彩空间进行特性化，针对不同的输入、输出设备传递颜色以取得最佳的色彩匹配。

色彩管理系统（color management system，CMS）的目的就是通过对所有设备的管理、补偿和控制这些设备间的差别，以得到精确的可预测的色彩。一个色彩管理系统应该包括以下内容。

①一个色彩匹配处理程序，即色彩管理模块（color management module，CMM）。

②一个与设备无关的色彩空间。通常称为参考色彩空间或特性文件连接空间，在转换过程中起着连接的作用。

③设备特性文件。设备特性化是用以界定输入设备可辨识的色域范围与输出设备可复制的色域范围的工作，并将不同设备之间 RGB 或 CMYK 的色彩与 CIE 所制定的设备色彩建立设备色彩与设备独立色彩间的色彩转换对应文件，该文件被称为设备特性文件。

印刷色彩管理的目的是满足三大特性，即高度可预见性、高度可还原性、高度一致性。其两大核心工作：一是实现屏幕打样的印刷色彩模拟，让电脑屏幕文件颜色与印刷效果一致；二是实现数码打样的高度色彩还原，让数码样张颜色与印刷样张颜色一致。印刷色彩管理的作用是实现与客户更好的合作，缩短生产周期，降低生产成本，提高工作效率、客户满意度以及公司标准化、规范化水平。

印前色彩管理需要以下条件。

①硬件：显示器、标准光源、打印机、色彩管理流程中的色彩测量工具，如图 5-1 所示。

②软件：操作系统、图形图像排版软件、色彩管理模块（系统或软件内置）、色彩管理相关软件、设备校正、ICC Profile 制作、编辑软件等，如图 5-2 所示。

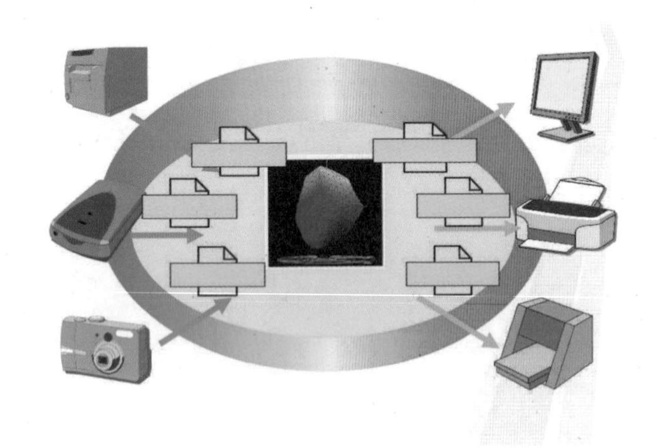

图 5-1 印前色彩管理 1

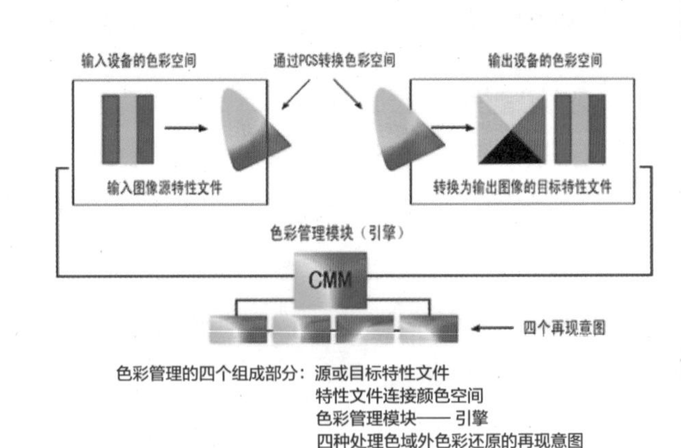

图 5-2 印前色彩管理 2

（4）叠印。

叠印又称“叠画”，是指把两个或两个以上不同内容的画面叠合印成一个画面的方法。叠印可以把一个影像重叠印在一个预先印好的影像上，也可以把标题、字幕或其他图像印到一个画面上。叠印应用于电影、电视中，常把两个或两个以上内容不同的画面重叠印在一起，用于表现剧中人的回忆、幻想，或构成并列形象。叠印和压印是一个意思，即一个色块叠在另一个色块上。不过印刷时特别要注意黑色文字在彩色图像上的叠印，不要将黑色文字底下的图案镂空，不然印刷套印不准时黑色文字会露出白边。例如，Photoshop 里黑色文字叠印是将黑色文字层的图层模式改成正片叠底，在其他色版中黑色文字的地方就不是镂空的，从而也就不会出现露白的情况了。刚刚进入印刷行业又喜欢用 Photoshop 设计的同学一定要注意这个问题。另外，一定要养成 Photoshop 做底图，CD 或 AI 打字的好习惯。这样打印的文字就不会有毛刺。叠印效果如图 5-3 所示。

图 5-3 叠印效果

3. 印前常用软件

印前制作软件包含设计软件和出版软件，包括 CorelDRAW、InDesign、QuarkXPress、Photoshop 等。使用印前软件需要了解以下专业知识。

（1）点阵图像。

点阵图像是以像素的彩色点来描绘的图像，当编辑点阵图像时，修改的是像素。点阵图像因为构成图像的数据被固定在特定大小的栅格里，所以放大点阵图像时，将使图像的边缘变得模糊。而点阵图像软件就是可用于点阵图像的编辑处理，包括图像调整、蒙版处理以及图像的几何变化等，还可用于特效的制作，包括旋转、尺寸变化、清晰度强调和柔化功能、虚阴影生成、阶调调节及色彩校正等，如 Photoshop、方正画苑等软件。

（2）矢量图形。

矢量图形表现为一系列由点连接的线及其围合而成的图形，它采用记录图形端点和向量的形式描述图形的内容。矢量图形反映的是真实物体的几何化。矢量图形软件一般具有文字输入、图表制作、标志设计等功能，并可对图形进行任意的变形处理，如 Illustrator、CorelDRAW 等软件。

（3）图文编排专业软件。

图文编排专业软件主要用于拼版，可将文字、图形和图像安排在一个或多个页面内，如 InDesign 、QuarkXPress、方正飞腾等软件。

（4）折手软件。

折手软件用于将单独页面拼合成大的页面形式，如方正文合等软件。

（5）RIP（raster image processor，栅格图像处理器）处理软件。

RIP 处理软件主要品牌有方正世纪、克里奥、赛天使、爱克发、海德堡等。

（6）各印前软件功能与选择。

①需要对像素图像进行调整或特效处理时，大多选择点阵图像原理软件。

②需要对矢量图形进行绘制或变形时（如标志、图表等），大多选择矢量图形原理软件。

③需要对文字、图形进行编排制作版式时（如报纸、杂志等），大多选择图文编排专业软件。

④制作的文件需要印刷前，进行页面拼合解析时，大多选择专业的折手软件和 RIP 处理软件解析输出。

三、学习任务小结

通过本次课的学习，同学们已经初步了解了印前处理的概念、步骤和方法，掌握了各种图像处理软件的应用范围与操作方法。课后，大家要通过各种渠道学习各种图像处理软件的使用方法，为印刷设计做好准备。

四、课后作业

对各种印前常用软件进行案例实操。

图形、图像处理

教学目标

（1）专业能力：掌握数字图形、图像的基本知识。

（2）社会能力：了解图形、图像处理常用工具和技巧以及图像的输出印刷的分色方法和平面设计中该软件的使用方法。

（3）方法能力：案例收集能力、设计表现能力。

学习目标

（1）知识目标：了解印前的各种图形、图像处理软件，掌握各种软件的操作与应用方法。

（2）技能目标：具备一定的印前图形、图像处理软件的操作技能。

（3）素质目标：具备创造性思维能力和艺术表现能力，以及一定的语言表达能力。

教学建议

1. 教师活动

（1）通过向学生讲述和分析各种图形、图像软件，引导学生收集相关案例，并对案例的相关知识点进行分析，让学生认识各种图形、图像处理软件。

（2）运用多媒体课件、教学图片等多种教学手段，分析并讲解各种图形、图像处理软件的应用范围、鼓励学生对所学内容进行总结和概括。

2. 学生活动

（1）根据教师展示的各种图形、图像处理软件案例，分组按要求分析每个案例所产生的效果，并制作PPT 进行汇报讲解，从而提升分析能力和表达能力。

（2）突出学以致用的目标，学生在设计的训练过程中，能够对不同的图形、图像处理软件进行分析。

一、学习任务导入

图形、图像处理技术是计算机多媒体技术应用的基础，是研究数字图像的制作与处理的一项专业技能。掌握图形、图像处理等软件的使用方法和技巧，不仅可以提高图形图像的处理能力，而且可以提升印刷效果。

二、学习任务讲解

1. 图形

图形是具有某种形态特征的二维或三维信息体，一般是指由没有复杂阶调层次变化的点、线、面等元素组成的色块，以及由色块组成的形状复杂、色彩变化相对简单的组合形体。目前设计中常用的图形元素基本上是在电脑上用相关设计软件绘制而成的，如 Illustrator、CorelDRAW 等软件。这种由电脑绘制的图形多为矢量图形，在放大或缩小使用时，图形信息不受影响。

2. 图像

图像是由无数个像素组成的，像素是组成图像的基本单位，组成图像的像素越多，包含的信息量就越大，图像也就越细腻，质量就越高。为保证印刷成品的质量，对用于印刷的图像进行处理通常应注意以下几个问题。

（1）图像原稿的质量。

图像原稿质量是决定印刷成品质量好坏的关键。一方面只有高质量的图像原稿才能印制出高质量的成品，另一方面高质量的图像能更好地体现设计意图和视觉效果。因此，在进行印前设计的时候，设计师应该确保最好的原稿质量，图像原稿的质量标准主要包括丰富的阶调层次、准确的色彩还原、清晰的图形元素等。

（2）图像原稿的来源。

获取高质量的图像原稿通常有以下几个渠道。

①反转片。

反转片又叫正片或幻灯片，是影像色调、色彩与景物的明暗程度、色彩一致的感光片。特点是反差大、灰雾度低、清晰度高、感光度低。由于反转片的成像质量较高，一些高端印刷品或质量要求较高的印品常采用拍摄反转片来获取所需的图像原稿。

②负片。

用传统的胶卷拍照时，我们通常所说的用于冲印照片的底片就是负片。虽然反转片也是底片，但很少直接用于冲印照片，且反转片上的图像是正的，即与实际景物色彩、明暗度一致，所以这里的负片是指除反转片以外的底片。负片是影像色调或色彩与景物的明暗程度相反或色彩为互补色的相片。

③印刷品。

采用印刷品时，就是对印刷品进行图像的二次复制，原始印刷品的质量对再次获得的图像质量影响较大。在数字技术普及以前，设计师经常使用这种方法，现在一般很少使用，只在原稿图像遗失或无法使用原稿的情况下使用，如一些历史性的资料等。

④数码摄影。

数码摄影是数字技术高度发展的产物，因其方便快捷、即拍即现、即拍即用的特点，受设计师和摄影师的喜爱，被越来越多地应用于设计领域，并成为图像获取的主流渠道。专业上常用的数码相机为“单反相机”，依据相机的配置和技术参数的不同，价格上有很大的差异，成像的质量也有一定的区别。当然摄影技术也是影响图像质量的关键因素，所以好的设计师也需要和专业的摄影师进行良好的合作。另外，数码相机虽然具备很多先天优势，并且基本都能满足普通的设计、印刷要求，但从更高的标准来说，目前数码摄影成像质量，如图像的清晰度、图像的锐度、色彩的还原度等方面还是不如正片的图像效果。

⑤数字绘制。

电脑技术的蓬勃发展和软件技术的日新月异，越来越多的图像开始通过数字技术的手段直接绘制或生成，以实现图像的形式多样化、图像的效果精良化、图像的造型原创化、图像的创意新颖化、图像的表达目的化。数字技术在推动设计发展的同时，也提高了印刷的效率和质量。数字图像软件除 Illustrator、CorelDRAW 等用于绘制矢量图形的软件外，常用的是 Photoshop 软件。 Photoshop 是一款专业处理图像的软件，是设计师必须掌握的软件之一，它既可以对已有图像进行处理，也可以进行原创图像的绘制，特别是数字绘图板和绘图笔的出现，更是大大提升了数字绘图的表现力（数字绘图板），是设计师常备的绘图工具。而三维类的软件，如 3ds Max、Maya 等，主要用于动画创作，但对于平面设计所需的图像造型和表现效果往往优于平面类软件，其效果更接近于真实，更容易达成设计的意愿，有助于提高设计的表现能力。

⑥绘画原作或实物原型。

绘画原作或实物原型一般情况下不直接采用，通常是采用摄影技术或电子分色技术获得图像。但对于一些特殊的印刷品来说，有时会将一些实物原型直接应用于印刷成品，如刺绣作品、版画作品、剪纸作品，甚至徽章、标志、吉祥物等经铸造或特殊工艺加工的作品等。

3. 图像输入

图像输入是将已有的图像原稿通过一定的技术手段输入数字设备，以便进一步编辑使用。图像输入针对不同的原稿特性需采用不同的技术手段。平面类原稿一般采用电子分色的方式输入，常用的输入设备是平板扫描仪、滚筒式电子分色机。普通平板扫描仪由于图像色彩调控原理与印刷原理的差异，在色彩处理上要特别当心，否则容易产生色差。而滚筒电子分色机相对偏差较小且纠正也相对容易。立体原型一般采用摄影的方式输入，如雕塑作品、艺术作品、壁画作品等。如果采用正片或负片拍摄，还需要经过电子分色的过程，如果采用数码相机拍摄则可以直接使用。另外，对于一些大型平面类原稿，如大型绘画作品、大型设计作品等，由于受到分色设备尺寸的限制，通常也采用摄影技术输入。

确保图像的高品质是图像输入的基本原则，因此，在针对不同图像的性质进行图像输入时还应该注意以下问题。

（1）印刷品原稿输入时，由于本身带有网纹，复制时容易出现龟纹和撞网，不应等比例扫描，最好避开错网，缩小或放大 5%以上，扫描后用图像处理软件进行去网调整。

（2）使用数码摄影作品时，应使用高精度、大尺寸的作品，一些暗部较深的作品容易产生“死网”，也就是单色现象，造成印刷品质下降，因此，对于摄影作品在使用时应该准确掌握曝光量，这对摄影师有一定的技术要求。

（3）无论是扫描原稿、反转片还是负片等，一般遵循“宁大勿小”的原则，即大尺寸、大容量。大尺寸是大于成品用稿尺寸，在对反转片扫描时，由于反转片的成像质量较好，在尺寸上与成品用稿尺寸一样时，进行 1 ：1 的扫描即可。大容量就是较大的数据量，如 10M 大小的成品，通常在数据量为 15 ~ 20M 时进行。负片在使用时通常需冲印成照片再进行分色输入，在冲印照片时，一方面也要遵循“宁大勿小”的原则，另一方面照片用的相纸不宜采用有纹理的相纸，可选择光面相纸。

4. 图像调整

图像调整是对输入电脑的图像进行合理的编组，使其符合设计和印刷工艺的要术。图像调整主要针对以下内容进行。

（1）图像信息与加工。

无论采用何种方式调整图像，在获得图像的过程中总会受到客观因素的干扰而影响成像的效果，这时就需要对图像进行修复和加工。

（2）图像尺寸设定。

根据设计要求和印刷要求调整印刷所需的准确尺寸，以尽量减少图像质量损失为基本原则，通常由大图像往小图像调整，否则会影响图像质量。

（3）图像分辨率设定。

对于点阵图像（Photoshop 软件所处理的图像都是点阵图像），能满足印刷要求的分辨率一般为 300 ~ 350dpi，通常处理图像时不要低于这一精度要求。但也不要高于这一要求，理论上是精度越高图像质量越好，但实际的印刷过程中，图像的复制是通过印刷网点再现的，350 线的印刷网点几乎能满足所有的印刷要求，太高的精度设定没有实际意义，徒增设计文件的数据量而占用电脑更多的空间和内存，影响设计的效率。

（4）图像的创意和再加工。

有些图像为了更好地体现创意思想、设计理念和视觉效果，需要进行较大的调整，以配合设计意图的实现，这种深度的调整往往通过破坏原有图像的形式、内容等方式达成目的，如色彩基调的重大改变、图片元素的打破重组、特殊效果的运用等。这些调整在设计上属于正常的技术手段，但应用于印刷时则需要考虑最后的印刷效果。

（5）图像色彩模式。

用于印刷的图像其色彩模式必须是 CMYK 模式，即印刷油墨的青、品红、黄、黑四色，也称为四色印刷的标准色彩模式。

5. 图形、图像文件格式

（1）PSD 和 PDD 格式。

这两种格式是 Photoshop 专用格式，能保存图像数据的每一个细节，包括层、蒙版、通道等，但缺点是形成的文件特别大，打开和存储的速度慢，有时会影响设计的效率。

（2）JPEG（JPG）格式。

这是一种压缩的图像格式，属于有损压缩，即将图形、图像画面中不易被觉察的细节数据压缩，对细小层次和细微色彩差异进行合并。优点是形成的文件小，应用广泛；缺点是进行有损压缩时，清晰度下降，细节不清晰，但可以设置压缩级别，如果级别较高压缩较少时，几乎不易被察觉。

（3）EPS 格式。

EPS 格式为封装的 PostScript 文件格式，既以用于保存位图图像，也可以保存矢量图形，且几乎所有的图形、图表和页面排版程序都支持该格式，是广泛应用于各图形、图像软件之间进行文件传递的格式。

（4）TIFF 格式。

TIFF 格式是一种非常通用的文件格式，属于无损压缩格式。几乎所有扫描仪和图像编辑、页面排版软件都支持该格式，也是目前常用的图像保存格式。

常用的矢量图形文件格式如下。

① CorelDRAW 的专有文件格式 CDR。

② Illustrator 的专有文件格式 AI。

③ Freehand 的专有文件格式与版本有关，主要有 FH3、FH5、FH7、FH8 等。

三、学习任务小结

通过本次课的学习，同学们已经初步了解了图形、图像处理的基本知识，包括图形、图像的基本概念，图像的输入、调整，以及图形、图像文件格式。课后，大家要通过各种渠道，学习各种图形、图像处理软件的使用方法，为印刷设计做好准备。

四、课后作业

每位同学加强对各种图形、图像处理软件的操作，掌握常用软件的技能技法。

印前检查

教学目标

（1）专业能力：掌握印前检查领域图像处理所涉及的基本理论与操作方法。

（2）社会能力：关注印前检查图形、图像处理的实操技能，通过实操并能完成印前相关工作。

（3）方法能力：案例收集和分析能力。

学习目标

（1）知识目标：了解印前的各种图像处理软件，掌握各种软件的操作与应用。

（2）技能目标：具备一定的印前图形、图像处理软件的操作技能。

（3）素质目标：具备创造性思维能力和艺术表现能力，以及一定的语言表达能力。

教学建议

1. 教师活动

（1）通过向学生讲述和分析各种印前检查的知识，引导学生学习印前检查的流程、工艺和方法。

（2）运用多媒体课件、教学图片等多种教学手段，分析并讲解各种印前检查的方法，鼓励学生对所学内容进行总结和概括。

2. 学生活动

（1）根据教师讲解的各种印前检查的知识，分组按要求分析印前检查的工艺和流程，并制作 PPT 进行汇报讲解，从而提升分析和表达能力。

（2）突出学以致用的目标，学生在设计的训练过程中能够对不同的印前检查知识进行分析和总结。

一、学习任务导入

各位同学，大家好，本次课我们一起来学习印前检查的相关知识。印前检查是一项综合性工作，包括文件格式的设置、页面设置、印刷工艺选择、色彩模式设置、文件分辨率设置、印刷字号设置、出血设置等。

二、学习任务讲解

1. 文件格式和链接文件

所有图像和印刷文件要存储为符合输出要求的文件格式。电子文件收集输出打包时，结合某些排版软件的特点，还应将主文件与图像文件、应用文件等放在同一个文件夹或目录里，并做必要的说明，确保文件交接无误。如在 Illustrator 软件和 PageMaker 软件里进行主文件排版设计时，通常所置入的图片文件并非是图片文件的全部数据，因为图片文件通常都比较大，图片太多会造成排版文件过大，不仅会影响排版的效率，还有可能造成文件出错而损坏。因此，置入的图片文件只是和源文件建立了一种链接关系，确立了一个链接路径。排版软件置入的图片文件通常只是源文件的一个“影子”，只是起到显示作用而方便排版。为确保文件链接和路径准确，需要将主文件、图片文件等放在同一个文件夹里，并且源文件的名称等不能随便更改，一旦更改需要重新置入。输出印刷时，需要将整个文件夹一并提交给印刷供应商，并现场打开主文件进行确认，如有问题及时修改。

2. 页面设置与印刷工艺

满版或单边溢出都要有出血设置的要求，专色印刷需要有专色版、陷印、叠印的相关设置。版式设计部分有设计规范、页码标号、页面尺寸、文字校对等。特殊工艺需要按实际制作专用版。

3. 打印样张与色彩校正

检查打印的彩色样张时，其颜色会与电脑屏幕显示的颜色有偏差，为预防批量印刷时出现类似问题，应比较原图来进行色彩调整，并于输出前替换，确保色彩得到真实还原。

4. 字符字体与图像质量

字符在转换路径后不应出现丢失或乱码，如果用到一些特殊的字体，需要标明所有字符的名称，并复制字体文件到输出文件夹内作为备份。图像文件都必须采用 CMYK 模式，如果是单色黑的图片，则应确认其为灰度模式。对图像进行移动或扩缩动作后，一定要重新置入。如果发现打印样张上出现位移或质量缺陷，应及时检查原图，重新链接置入或收集输出。

5. 印刷工艺与专色胶片

普通印刷工艺需要的文件不会太复杂。比如模切、压痕只需要标注准确尺寸的路线图，专色和凹凸需要专色版（可以做成黑色版）等。而立体烫印和浮雕等比较复杂，除了提供四色版，最好提供真实原图或实物，这样在激光雕刻制作模板时才会更加精确。

6. 印前检查清单

（1）色彩模式设置。

印刷物为线下物料，色彩模式应设置为 CMYK 格式；如果是线上使用就是 RGB 格式，如图 5-4 所示。

（2）文件分辨率设置。

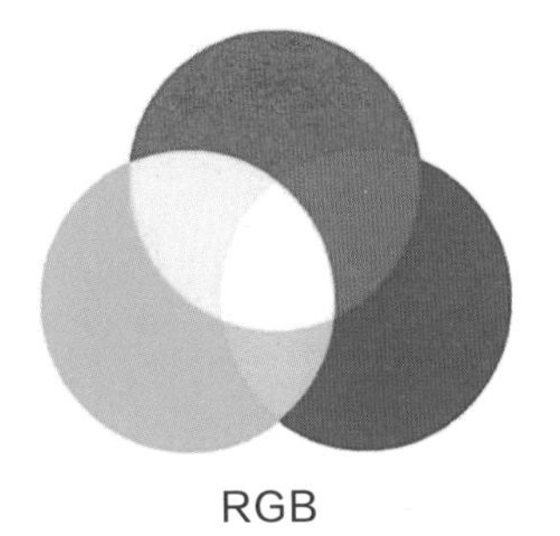

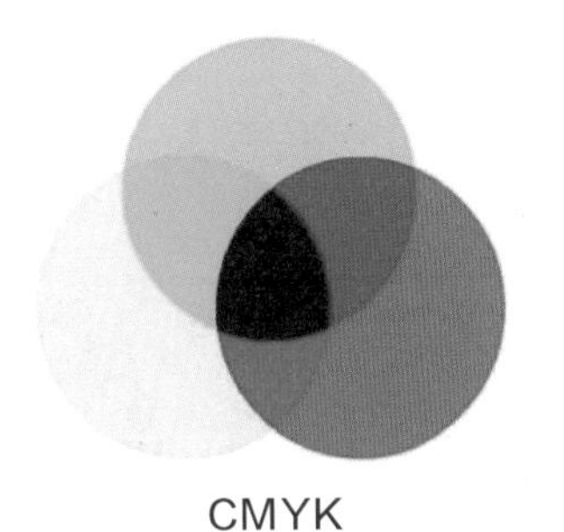

图 5-4 色彩模式设置

为了保证成品的清晰度，分辨率设置在 300ppi 以上。文件分辨率设置如图 5-5 所示。

（3）文字转曲。

为避免文件传输到其他电脑后出现版式错乱等情况，文件交付印刷之前要将文字转曲。文字转曲如图 5-6 所示。

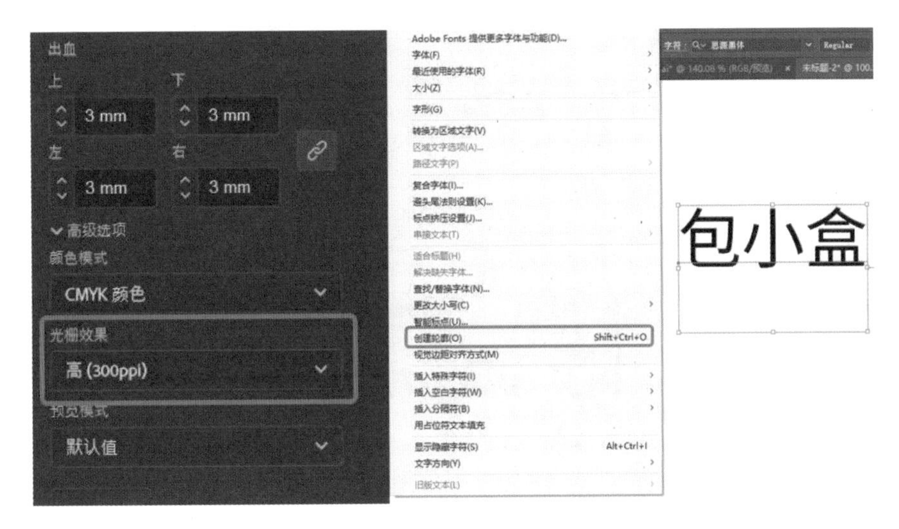

图 5-5 文件分辨率设置

图 5-6 文字转曲

（4）图片嵌入。

为防止别人打开文件时丢失图片，需要将所有设计素材以及图片嵌入，如图 5-7 所示。

（5）印刷字号。

为了保证印刷出来的文字清晰可见，印刷文字字号不小于 6pt，印刷字号示例如图 5-8 所示。

图 5-7 图片嵌入

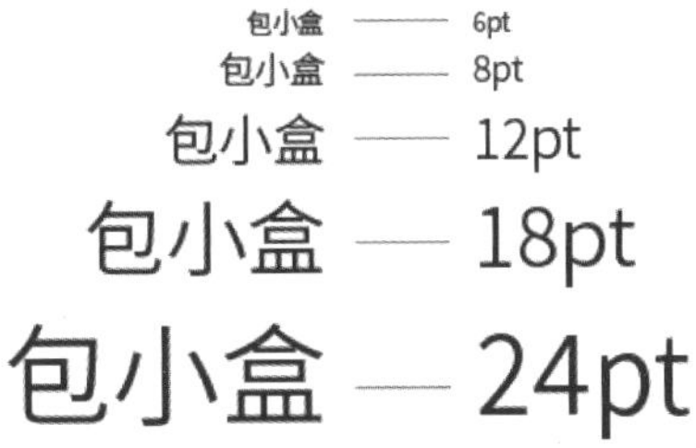

包小盒 —— 6pt
包小盒 —— 8pt
包小盒 —— 12pt
包小盒 —— 18pt
包小盒 —— 24pt

图 5-8 印刷字号示例

（6）线条粗细。

线条粗细不得小于 0.25mm（角线除外），否则会出现印刷不清晰或无法呈现的情况。线条粗细如图 5-9 所示。

（7）出血设置。

避免裁切后的成品露白边或裁到内容，需要在图片裁切位的四周加上 3mm 以上预留位置“出血”来确保成品效果一致。出血设置如图 5-10 所示。

（8）工艺标注。

把文件发出去之前要根据实际情况来标注印刷工艺，这样可以方便印刷人员快速明白需求。工艺标注如图 5-11 所示。

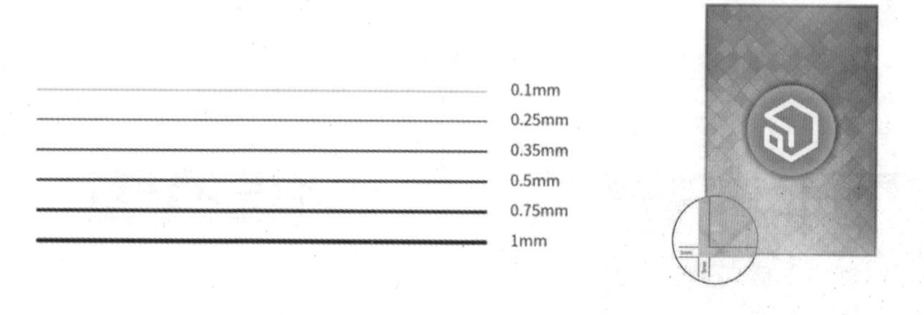

图 5-9 线条粗细　　图 5-10 出血设置

图 5-11 工艺标注

三、学习任务小结

通过本次课的学习，同学们已经初步了解了印前处理的概念、步骤和方法，掌握了各种图像处理软件的应用范围与操作方法。课后，大家要通过各种渠道学习各种图像处理软件的使用方法，为印刷设计做好准备。

四、课后作业

每位同学认真按印前检查清单，重温印前顺序步骤，加深掌握印前检查的技能技法。

项目六 印后加工概念

学习任务一　纸品印刷表面加工
学习任务二　书籍装订
学习任务三　纸盒加工

纸品印刷表面加工

教学目标

（1）专业能力：了解印刷表面加工种类及特点，能结合不同的纸张特性及要展现的设计效果，选择合适的加工方法。

（2）社会能力：关注日常生活中所接触到的印刷品，能通过多渠道收集优秀的印刷产品，并能对印刷品的表面加工工艺进行分析和思考。

（3）方法能力：信息和资料收集能力、案例分析能力、归纳总结能力、纸品印刷工艺的分析及提炼能力。

学习目标

（1）知识目标：了解印后加工的概念，掌握各种印刷表面加工的特点与效果及其优劣势。

（2）技能目标：能够从优秀的印刷品案例中，分析总结各种纸品印刷表面加工工艺的特点，并在平面设计过程中，能够清晰地借助印刷工艺提升设计作品的艺术观赏性，为客户提供全面的设计、印刷方案。

（3）素质目标：具备印刷设计的表现能力，以及一定的语言表达能力。

教学建议

1. 教师活动

（1）教师通过向学生展示和分析各种纸品印刷表面加工案例，引导学生收集相关案例，并对案例的相关知识点进行分析，提高学生的直观认知，了解印刷表面加工种类及特点。

（2）运用多媒体课件、教学图片、教学视频、印刷品实物展示等多种教学手段，分析并讲解纸张印刷表面加工的技术方法，鼓励学生对所学内容进行总结和概括。

2. 学生活动

（1）根据教师展示的相关印刷工艺案例，分组按要求收集与整理纸品印刷品，讨论分析每个案例所采用的表面加工工艺的方法，并制作 PPT 进行汇报讲解，从而提升审美能力、分析能力和表达能力。

（2）突出学以致用的目标，学生在印刷设计的训练过程中，能够对印刷效果进行分析。

一、学习任务导入

纸品印刷表面加工是为设计作品锦上添花的工艺，可提高印刷品的观赏性，起到美化的作用，不仅提高了产品附加值，也丰富了印刷品的多样性。如图 6-1 所示。今天我们就一起来学习纸品印刷表面加工的工艺及其特点，以帮助我们更好地利用印刷工艺提升产品价值。

图 6-1 各类印刷表面加工

二、学习任务讲解

1. 印后加工概述

印后加工是印刷流程中的最后一个环节，是在已完成图文印刷的印刷品表面所进行的再加工技术，通常我们称为印后加工或印后工艺，包括啤、裁切、模切、起凸、压凹、压痕、覆膜、烫金、上光等。印后工艺功能主要分为以下几类：

①表面整饰，如上光、覆膜、烫印、起凸、压凹等；

②成型加工，如裁切、压痕、装订、啤等；

③为了提高印刷品抗压、抗水和密封等特殊功能采用的防油、防潮，防虫、防磨损等防护工艺。

2. 纸品印后特殊工艺

（1）覆膜（PP 膜）。

覆膜又称印后过塑、印后贴膜等，就是在印刷用纸上将涂有黏合剂的塑料薄膜经加热、加压、冷却等工艺后，使印刷用纸表面覆盖一层 0.012 ~ 0.020mm 厚的透明塑料薄膜，形成纸塑合一的印刷产品。印刷纸张表面覆盖一层塑料膜，可以防止印刷品褪色，碰到少量水分时也不会受损。因此，覆膜加工常用于可能需要多次翻动、折叠纸张，长时间使用，长时间保存的印刷品。如书籍封面、包装盒表面等这类印刷品，就常用到覆膜加工。如图 6-2 ~图 6-4 所示。覆膜加工需要在书籍装订前、包装盒模切前进行，印刷品在印好后待其干燥，再通过加热与压力使膜与纸张压合完成。

覆膜是很久之前就有的加工方式，技术成熟，加工难度不大，所以价格并不高，而且还有亮面膜、雾面膜、丝绒膜等多种选择，可以应用于各种情况。如丝绒膜会使印刷品摸起来有丝绸般的顺滑感，有不易沾污、不易损伤的优点，可以延长印刷品的保存时间，但会使印刷品的颜色变得暗沉，所以选择覆膜材料时也应充分根据印刷品需求，考虑其特性。覆膜加工的特征如下：

①在平版印刷后进行加工；

②多种类选择；

③只能进行整幅面加工；

④价格相对低廉；

⑤适合长期保存。

注意：在选择利用何种工艺对印刷品进行表面整饰加工时，特别是为国外厂商设计制作印刷品时，必须考虑环保因素，因为有的国家已经将覆膜工艺生产出来的包装印刷品列为不可回收和分解的污染物而禁止进口和使用。在国际知名品牌的包装容器和产品宣传印刷品中，我们也越来越少见到覆膜工艺，取而代之的是上光工艺。

图 6-2 覆哑膜 1

图 6-3 覆哑膜 2

图 6-4 覆光膜 3

（2）上光。

上光是指在印刷品表面涂布或印上一层无色透明的油墨或原料，经过流平、干燥、压光、固化后，在印刷品表面形成轻薄而均匀的透明光亮效果，突显印刷品的档次。上光能够提高印刷品表面耐磨强度，对印刷品的图文起到保护作用，而且不影响纸张的回收再利用。因此，上光广泛应用于包装纸盒、书籍、画册等印刷品的表面加工。如图 6-5 ~图 6-8 所示。

① UV 上光。

UV 是英文 ultraviolet 的缩写，即紫外光线。UV 上光即紫外线上光，是以 UV 专用特殊涂料均匀地涂布在印刷纸面，再经紫外线照射，快速干燥硬化而成的。UV 油墨的种类很多，也有不同的颜色，但常见的 UV 油墨以无色透明居多，它是一种具有高环保性能，且有很高的耐磨性、稳定性的材料。采用 UV 上光工艺的印刷品拥有较高的抗磨性以及较好的抗紫外线的功能，因此印墨颜色不易褪色，应用范围广。

②上光油。

上光油是指以树脂和松节油调和出的胶液涂布在印刷品上的工艺。上光油可通过印刷机在印刷品上进行涂布，也称“印光”，是较便宜的上光加工技术。上光油也分满版印光和局部印光，想要突出画面中某个重点局部时，都会使用局部印光等。但是上光油的耐磨性、光泽度不如 UV 上光，因此较适合书刊的内文彩色页。

图 6-5 书刊内文上光油

图 6-6 UV 上光 + 凹凸压印

图 6-7 UV 上光 + 凹凸压印 + 烫印（金）

图 6-8 局部上光油

纸张印刷品的上光处理可分为局部上光和全面上光两种，局部上光应用于在需要特别强调突显的部分，常用在书刊的封面、包装盒，使画面更加立体，强化视觉效果。全面上光可增加纸张表面的亮度、印纹的抗磨程度，书刊封面、书皮多采用全面上光的技术。另外，与覆膜不同，上光不需要加热，故印刷用纸或材质也不会被影响。与覆膜使用的塑料薄膜不同，上光的印刷品可以直接回收，容易处理，对环境比较友好，这也是其受青睐的原因。

（3）模切。

模切工艺是印后常用的一道加工工艺。按照设计要求，在装有钢刀模版的机器上，将纸类印刷品裁切成各种造型的加工方式，称为“模切”。常用于纸盒包装、卡片、名片、DM、广告、标签、贴纸等纸类印刷品。

模切工艺需要先制作刀模的文档，再依照刀模图形轮廓，于木板或塑胶板上刻出沟，将钢制刀刃埋入沟内，组合成横切版并装入模切机器。冲压的力量使刀模可以直接从纸张上冲切下想要的形状，但一次只能切一张，要是张数很多的话会很花时间。

模切工艺的要点是图形设计、模板制作和模切压力调整。它改变了印刷品单一的直线或平面形式，让印刷品可以通过裁切、折叠，以立体或曲线的形式呈现，创造出更加美观、精致、充满创意的印刷品。模切加工的特征如下：

①可将印刷品根据设计要求裁切成各种形状；

②可用于卡片、名片、贴纸等，应用范围广；

③从薄纸到厚纸，甚至是硬纸板都可用；

④制作纸盒的必要加工步骤；

⑤若保留刀模，可以用于再版、再印刷。

（4）压痕。

按照设计要求，在装有钢线模版的机器上，纸张表面在压力作用下印有或深或浅的钢线痕迹的加工方式，称为“压痕”。印有压痕的印刷品，极易弯折。常用于各式包装纸盒、立体卡片、立体书等。

裁纸机只能裁切直线，当遇到印刷品需要圆弧线、开窗、压折线、不规则曲线时，就必须采用模切、压痕的方式处理。模切和压痕可以作为单独工序操作，也可以把两道工序上合并成一道工序在同一台机器完成，即把模切刀和压线刀组合在同一个刀模版内，在模切机上同时进行加工。模切版既装钢刀，也装钢线，互不冲突。如图 6-9 和图 6-10 所示。

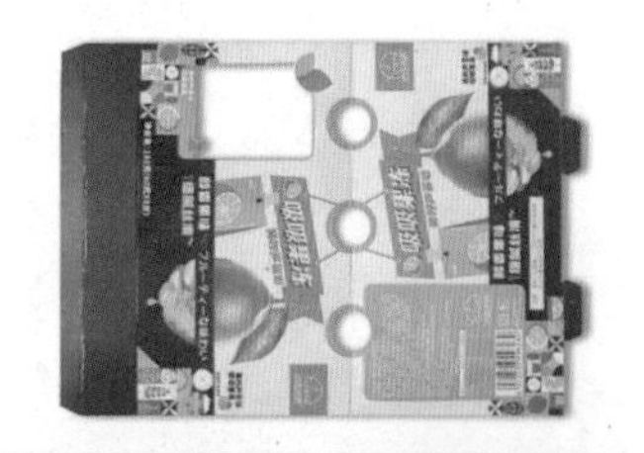

图 6-9 模切轮廓、压痕及折叠成品

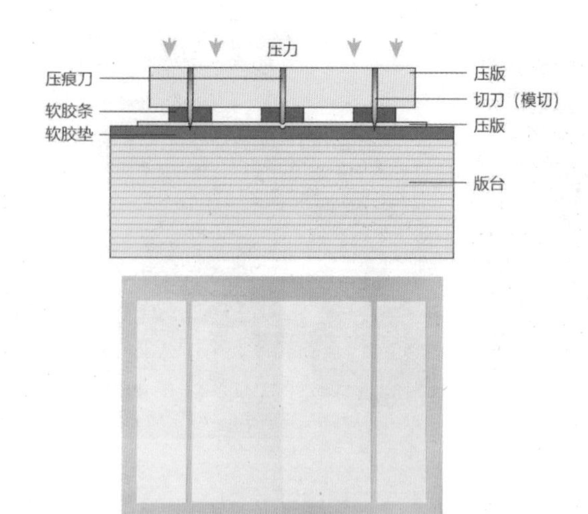

图 6-10 横切、压痕效果

（5）激光雕刻（镂空）。

利用激光束与物质相互作用的特性对材料进行切割、打孔、打标、画线、影雕等工艺加工。由于激光独特的精度和速度，运用到纸张表面整饰领域时，能达到其他工艺技术无法达到的效果和效益。其工艺过程是通过图形处理软件将矢量图文输入激光雕刻程序后，利用激光雕刻机发出的细小光束，按照程序设计在被雕刻物料表面蚀刻图形或切割物体图案轮廓。常见的激光雕刻的物料有纸张、皮革、木材、塑料、金属板、玻璃等。激光雕刻可以在纸张进行镂空、半雕、定点雕刻、模切等。比如，传统印后加工的圆形、圆点或尖角模切在模切刀制作和实际操作过程都不够完美，但激光模切能达到理想效果。如图 6-11 ~图 6-13 所示。

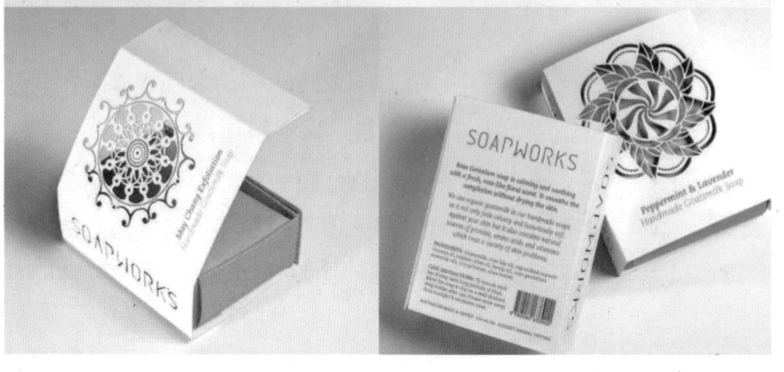

图 6-11 激光雕刻 1

图 6-12 激光雕刻 2

图 6-13 激光雕刻 3

（6）凹凸压印。

凹凸压印又称“凹凸压纹”，是一种环保工艺，其生产过程没有任何污染。该工艺是根据设计的图形预制雕刻模型，使纸张在一定的压力作用下，表面形成高于或低于纸张平面的三维效果图形，其中从纸张背面施加压力让表面膨起的工艺称为“起凸”，而从纸张正面施加压力让表面凹下的则称为“压凹”，是印刷品表面装饰加工中一种常见的特殊加工技术。

压印的图文和花纹，显示出深浅不同的纹样，具有明显的浮雕感，增强了印刷品的立体感和艺术感染力，主要目的在于强调整体设计的某个局部，以突出其重要地位。起凸多用于精美画册封面、儿童读物、纸盒包装、手提袋、邀请函等。如图 6-14 和图 6-15 所示。

图 6-14 凹凸压印 1

图 6-15 凹凸压印 2

（7）烫印。

烫印也称为“烫电化铝”“烫金”或者“烫箔”等，是一种重要的金属效果表面整饰工艺，烫印方式主要包括热烫印和冷烫印两种，两者各有优缺点，在实际应用中，应当根据具体情况并充分考虑成本与质量，判断适合哪种烫印方式。烫印主要应用在包装印刷、书籍装帧、标签、高档商务印刷等。如图 6-16 ~ 图 6-18 所示。

①热烫印。

通过专用的锌凸版或铜凸版金属烫印版，在烫印前先将烫印版用加热器加热，然后在承印纸张上放置烫金纸，通过烫印时金属烫印版的热力将与印纹部分接触的烫金纸的热熔胶熔解，然后烫金纸便固着于承印纸张上。烫印图像光泽好、明亮、平滑、边缘清晰、锐利，制作出来的图形有一定的凹凸感，更有金属质感。

热烫印颜色效果以及印刷质量好于冷烫印，但热烫印需要价格较高的设备，还需要加热装置以及烫印版等，印刷成本也相对冷烫印高。

②冷烫印。

冷烫印是相对于传统热烫技术而命名的名字，冷烫印在工艺过程中不需要加热，故命名为冷烫。冷烫印是指利用 UV 胶黏剂将烫印箔转移到承印材料上的方法。其过程是先在承印物表面涂胶，再覆上专用冷烫膜并迅速剥离底膜，从而完成整个工艺过程。

冷烫印不用制作金属烫印版，也不需要加热装置，制版和烫印速度快、周期短，成本比热烫印低，在塑胶、薄膜、PVC 等非吸水性材料方面，冷烫印表现效果比热烫印好。

图 6-16 烫银

图 6-17 烫金 1

图 6-18 烫金 2

三、学习任务小结

通过本次课的学习，同学们已经初步了解印刷表面加工的种类及特点，在平面设计过程中，能更好地对纸品表面进行装饰加工，从而提高印刷品的观赏性。课后，同学们还要多加学习，不断开阔视野，掌握更多的印刷表面加工知识，还要通过多渠道收集一些好的印刷作品进行分析和思考，并作为今后创作的资源。

四、课后作业

（1）每位同学收集 15 个含有各种表面加工工艺的印刷作品，并对其采用的工艺进行分析，制作 PPT 进行展示与汇报。

（2）为自己设计一张名片。要求至少采用一种纸品印刷表面加工工艺。

书籍装订

教学目标

（1）专业能力：能掌握书籍装订种类及方式的特点，结合不同的书籍内容及最终书籍定位要求，制定书籍印刷计划。

（2）社会能力：关注日常生活中所接触到的书籍，尤其是创意书籍。对书籍装帧，包括装订种类、装订方式、印刷工艺等能进行分析和思考。

（3）方法能力：信息和资料收集能力、案例分析能力、归纳总结能力，装订方式、印刷工艺的分析及提炼能力。

学习目标

（1）知识目标：了解书籍结构、装订种类及装订方式，掌握书籍装帧设计与各种装订方式、印刷工艺之间的关联性。

（2）技能目标：能够从优秀的书籍装帧案例中，分析总结书籍装订的工艺要点，并在设计过程中，根据书籍定位要求，从装订方式、印刷工艺等方面制定印刷计划，提高书籍观赏性及阅读性。

（3）素质目标：具备创造性思维能力和艺术表现能力，以及一定的语言表达能力。

教学建议

1. 教师活动

（1）教师通过向学生展示和分析各种书籍装帧案例，引导学生收集相关案例，并对案例的相关知识点进行分析，提高学生的直观认知，了解书籍装订种类、方式及其特点。

（2）运用多媒体课件、教学图片、教学视频、书籍装帧实物展示等多种教学手段，分析并讲解书籍装订的技术方法，鼓励学生对所学内容进行总结和概括。

2. 学生活动

（1）根据教师展示的相关书籍装帧案例分析，分组按要求收集与整理在印刷工艺上有特色的书籍，讨论分析每个案例所采用的装订方式，表面加工工艺的方法，并制作 PPT 进行汇报讲解，从而提升审美能力、分析能力和表达能力。

（2）突出学以致用的目标，学生在学习书籍装订过程中掌握印刷工艺特点，能够对书籍装订、表面印刷效果进行分析。

一、学习任务导入

当我们要设计和编辑一本书时，必须考虑美术设计、纸张、装订、印刷等，这些能够更好地向读者传递书籍内容的具体问题。如这本书应该用多大开本？怎样的结构？什么样的装订形式？装帧材料用什么？采用的印刷工艺有哪些？如图 6-19 所示。今天我们就一起来了解书籍的装订知识，学习不同的装订种类及方式。

图 6-19 书籍装订

二、学习任务讲解

1. 书籍的结构

书籍结构包括书籍外观构成元素（如图 6-20 所示）以及书籍版面构成元素（如图 6-21 所示）。书籍结构会因装订种类不同而不同，掌握书籍结构有助于书籍设计师全面掌握书籍设计中的细节要素，对书籍设计及印刷制作会有很大的帮助。

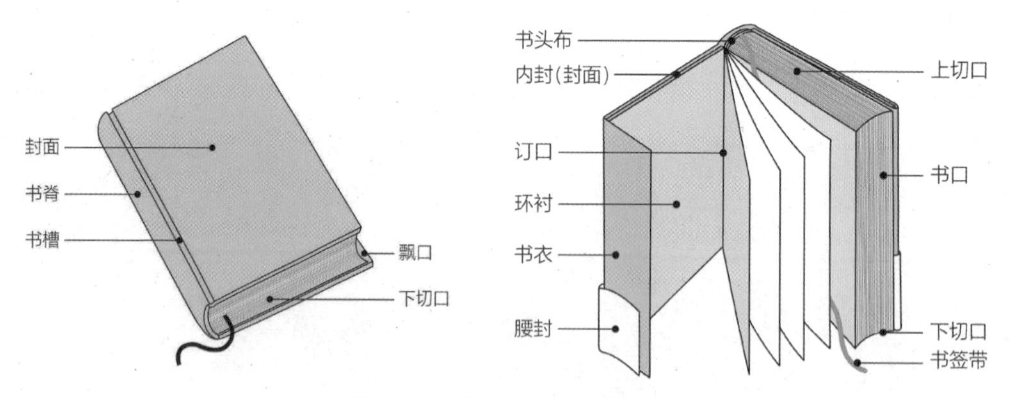

图 6-20 书籍外观构成元素

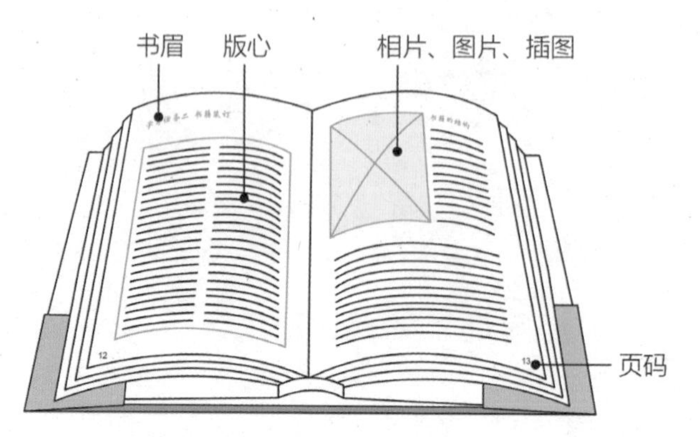

图 6-21 书籍版面构成元素

2. 书籍开本

开本是指一张纸的大小，通常把按国家标准分切好的一张平板原纸称为全开纸。在不浪费纸张、便于印刷和装订生产作业的前提下，把全开纸裁切成面积相等的纸张数称为开数；将它们装订成册，则称为多大开本。

由于不同全开纸张的幅面大小有差异，相同开数的书籍幅面因所用全开纸张不同而有大小差异。我们把书籍的成品单页面积占全开纸张单面面积的几分之几，称为多大开本。如书籍版权页上“787×1092　1/16”是指该书籍是用 787mm×1092mm 规格尺寸的全开纸张切成的 16 开本书籍。如图 6-22 所示。习惯上把以下纸张的规格尺寸作为各种开本的基准：小开本指用 787mm×1092mm 纸幅制作的书籍；大开本指用 850mm×1168mm 纸幅制作的书籍；特大开本指用 880mm×1230mm 纸幅制作的书籍；超大开本指用 889mm×1194mm 纸幅制作的书籍。如图 6-23 所示。

固定开本的优点在于符合市场，即读者对于书籍陈设与阅读的潜在期望值。但有时为了达到创新的目的和创意设计要求，选择并定制其他开本有着意想不到的效果。如果需要这样做，预先计算纸张规格是确保计划顺利执行的重要前提。

版式设计原理（案例篇）：提升版式设计的55个技巧

(日)田中久美子，原弘始，林晶子，山田纯也/编著；暴凤明/译

出版发行：中国青年出版社
地　　址：北京市东四十二条21号
邮政编码：100708
电　　话：(010) 50856188 / 50856199
传　　真：(010) 50856111
企　　划：北京中青雄狮数码传媒科技有限公司
印　　刷：北京凯德印刷有限责任公司
开　　本：787 x 1092　1/16
印　　张：8
版　　次：2015年1月北京第1版
印　　次：2018年7月第6次印刷
书　　号：ISBN 978-7-5153-2986-4
定　　价：59.80元

图 6-22　开本 1

名称	纸张	开本尺寸　单位：mm			
		8开	16开	32开	64开
小开本	787X1092	260X370	185X260	130X185	90X130
大开本	850X1168	283X412	206X283	140X206	102X138
超大开本	880X1230	297X420	210X297	148X210	105X144
特大开本	889X1194	285X420	210X285	140X210	105X140

图 6-23　开本 2

3. 印张

书籍印刷中将印刷好的一个大版（如对开版）称为一个印张。以 16 开大小的书刊为例，使用对开纸折叠到 16 开，双面可容纳 16P，如此称为一个印张。印张按页码及版面顺序，折成数折后形成多张页的一沓，称

为书帖。如图 6-24 所示。一般情况，书籍的总页数或内页总页数须是 4 的倍数，这样在书籍印刷时才经济，装订时也较容易。各书帖按顺序排列才能进行装订和裁切。如果书刊定为 30P，只有加两个空白页，才能完成书刊的装订。

一本书的内页总页数是依文字与图片多少或客户的要求而定的，但原则上必须要符合印张数，最好能保证资料的完整性，否则遇到临时大幅增减将是一个大难题。

根据不同的装订方式，印张排序可分为上下相叠式配帖、骑马订式套帖两种形式。如图 6-25 和图 6-26 所示。

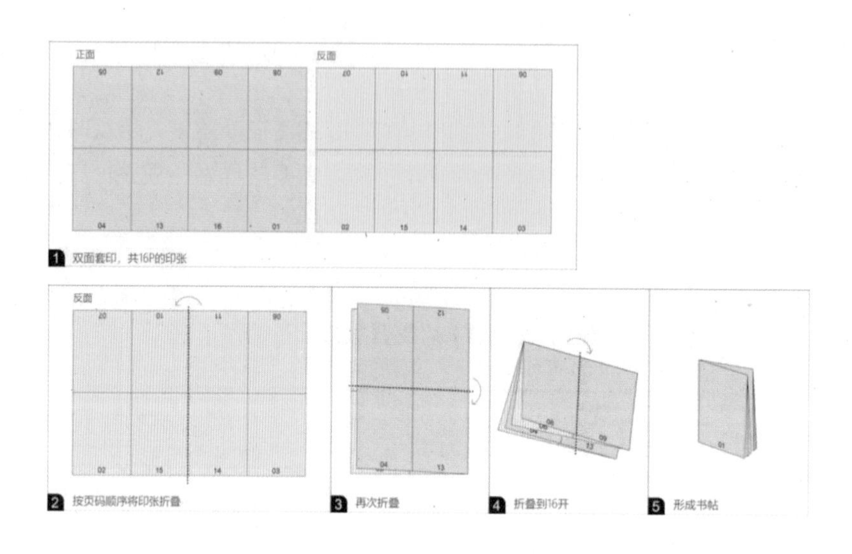

图 6-24 印张

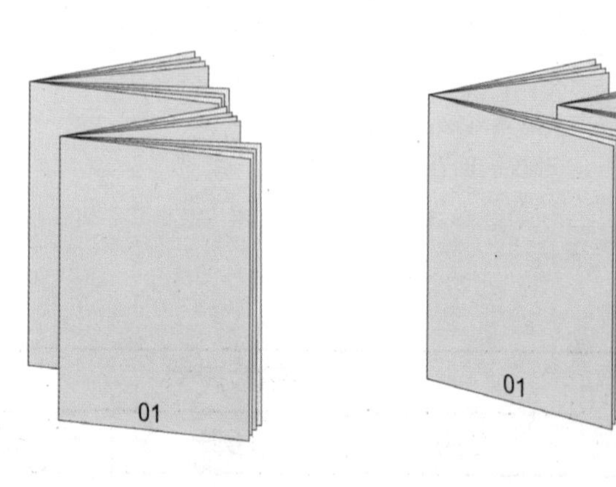

图 6-25 相叠式配帖　　图 6-26 骑马订式套帖

将一个印张折叠形成书帖，称为折手，折手的方式多种多样。

（1）单折。

单折页是所有折页方式的基础，有正折和反折之分。如图 6-27 和图 6-28 所示。

（2）垂直交叉折。

垂直交叉折又称转折。将纸放平对折，然后顺时针方向旋转 90° 后再对折，依次转折即可得到三折手和四折手（一般不超过四折，视纸张厚度而定），这是一种常见的折页方式。如图 6-29 和图 6-30 所示。

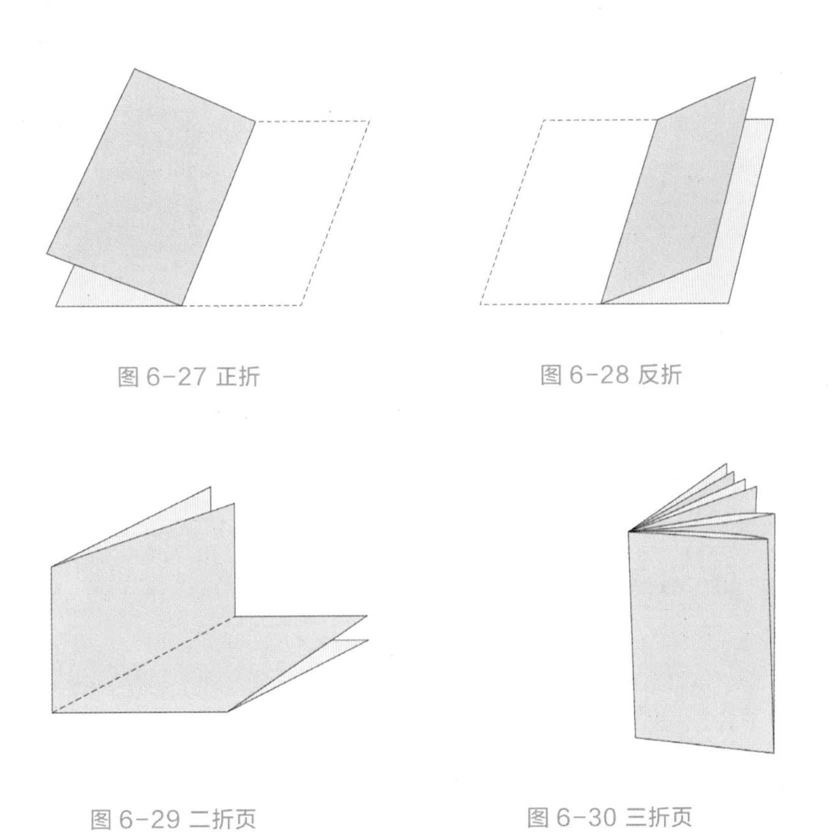

图 6-27 正折　　图 6-28 反折

图 6-29 二折页　　图 6-30 三折页

（3）平行折。

平行折又称滚折，适用于零散单页、畸开、套开等页张。做折手时，要根据产品成品尺寸等确定印刷幅面，又可分为对对折、双对折、包心折、风琴折。如图 6-31 ~图 6-34 所示。

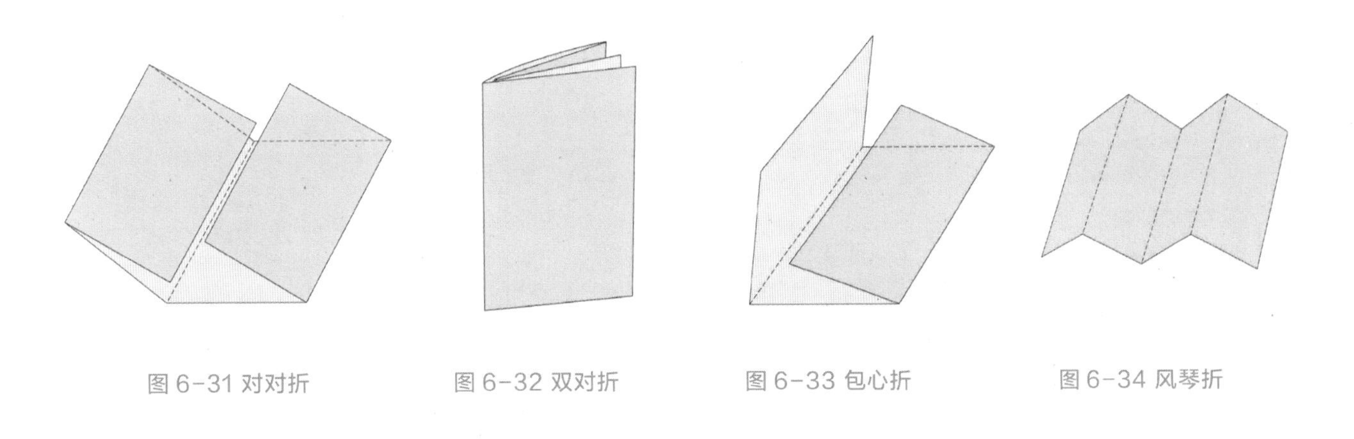

图 6-31 对对折　　图 6-32 双对折　　图 6-33 包心折　　图 6-34 风琴折

（4）混合折。

混合折指同一书帖折页时，既采用平行折，又采用垂直交叉折。这种折法多用于六页、八页、双联折等书帖，适合栅栏式折页机折叠作业。如图 6-35 和图 6-36 所示。

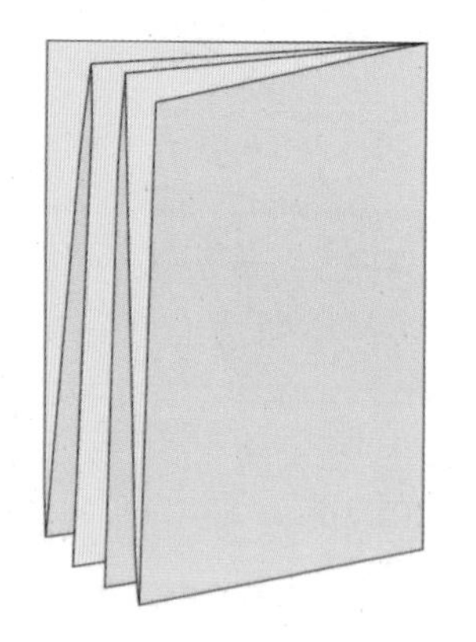

图 6-35 三折六页
（先按包心折 / 风琴折的方法折两折，
然后按顺时针方向转 90° 再对折）

图 6-36 三折八页
（先按双对折 / 风琴折的方法
折两折，然后按顺时针方向转 90° 再对折）

4. 拼版

拼版是指将要印刷的页面按其折手方式将页码顺序排列在一起。拼大版软件一般提供折手拼版和自由拼版两种拼版选择。对于将多个不同类的小幅面活件组织在一个大版上的工作，可以使用自由拼版，而对于书籍类的拼版，选择折手方式工作效率和自动化程度会更高。

在对书籍等拼版前，必须先了解所需拼版书籍的开本、页码数、装订方式、印刷色数和折手形式等工艺要素，才能确定其拼版的方法。常见的拼版方式有套帖式拼版、配帖式拼版等。如图 6-37 和图 6-38 所示。

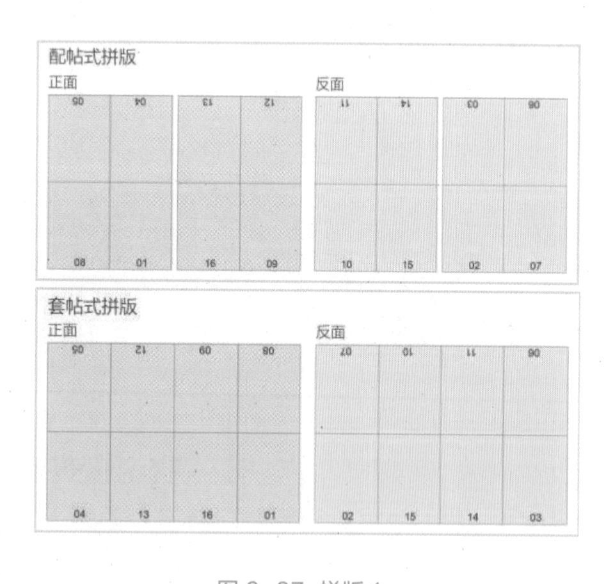

图 6-37 拼版 1

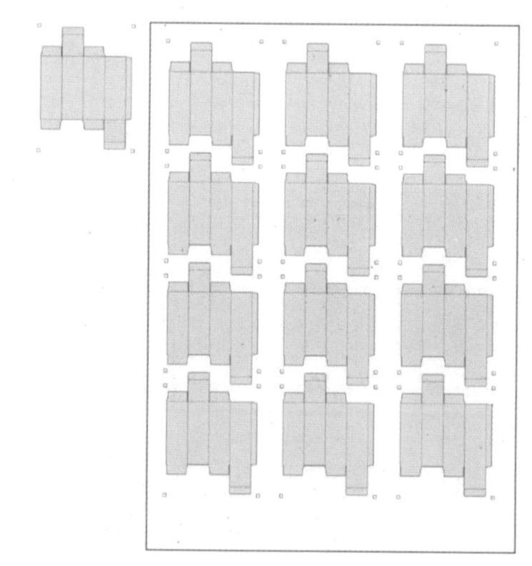

图 6-38 拼版 2

5. 装订种类

书籍装订有精装本和平装本之分。所谓精装本，一般指书籍具有一定厚度，封面封底和书脊采用硬纸板或其他特殊材料，设计、印刷和包装都比较考究的大型图书画册。平装本是与精装本相对而言的，一般用于小型书刊画册和产品型录等，其封面封底和书脊不采用特殊材料加工。如图 6-39 ~ 图 6-42 所示。

（1）硬皮精装：书本装订的步骤是将内页部分整理好，再包上书封，进行胶装，如果采用的是比书芯大一圈且包覆厚纸板的特质书封，称为硬皮精装，裱背材质可以是纸，也可以是布。

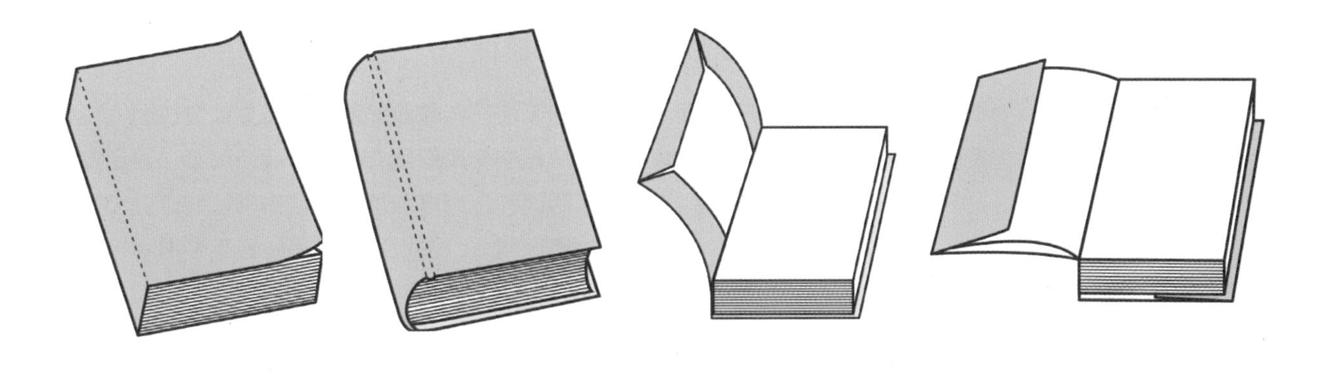

图 6-39 平装本　图 6-40 精装本　图 6-41 软皮精装　图 6-42 精装书衣

（2）软皮精装：书封没有包覆厚纸板，而是直接向内折，并上胶固定的方式。

（3）精装书衣：书衣封面的书口处长于书封的部分，向内折包覆书封的方式。

（4）平装本：先以书封包覆书芯，再裁切上切口、下切口、书口，或以书封包覆书芯后，将书封书口处长于书籍的部分向内折的方式。

硬皮精装的种类主要分为以下几种书脊加工方式。如图 6-43 ~图 6-46 所示。

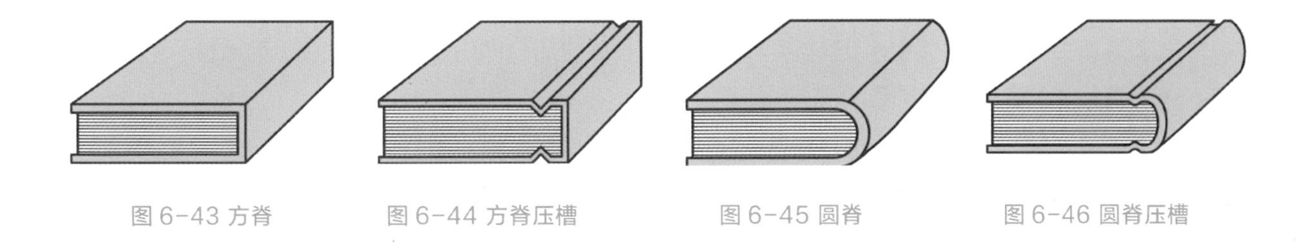

图 6-43 方脊　图 6-44 方脊压槽　图 6-45 圆脊　图 6-46 圆脊压槽

（1）方脊：方形书脊较硬，印于书脊上的文字不易受损。但开书角度只能达到 150° ，所以在版面设计时，要在靠近订口处多留些空白，才不会造成阅读不便。因此，方脊精装不适合页数多的书籍。

（2）方脊压槽：方脊的一种，为了使书封更容易翻阅，应于书封和书脊之间压制沟槽。

（3）圆脊：为了使内文页面容易翻阅，结合方脊与软脊的优点，书脊部分不包覆厚纸板，内文书页经过敲圆处理的装订方式。圆脊精装书籍翻书页时更加顺畅、开书角度佳，且能保持封壳书脊上的文字不受损，是极佳的精装书装订方式。

（4）圆脊压槽：书脊和圆脊一样具有柔软性，并且于书封和书脊之间压制沟槽。

6. 装订方式

选择何种方式装订精装书籍是设计师在规划书籍时首先必须考虑的问题。装帧设计是书籍的基本要求，也是重要亮点，通常情况下，考虑的主要因素有以下几个方面：书籍的厚度、书籍品位、开本尺寸、使用的纸张、有无特殊工艺要求。装订方式如图 6-47 所示。

（1）无线胶装。

无线胶装不用缝线或铁丝钉来固定书页，而是用热熔胶将经刮削处理的书背黏合，让热熔胶渗入每一张书页，再与封面、封底、书脊处套黏在一起，然后经三边裁切完成。无线胶装主要用于印刷数量较大，内页纸张克重在 157 克以下的书刊画册，适合流水线机械化作业。

（2）锁线胶装。

对于较厚的书籍，为增加书籍内页订装的牢固度，书帖之间无法只依靠胶黏固定，需要锁线加固。锁线就是在内页经配帖成册后（各个书帖按顺序排列好后），书脊面把每书帖用织线方法上下缝接锁紧，固定书背，再用热熔胶将其与封面、封底、书脊黏接，热熔胶能将每个折手间的凹槽缝隙填平，使得书籍装订更加牢固。因为兼具锁线与胶装的做法，所以称为锁线胶装，此种装订法坚固耐久，内页不会脱页，是平装书中极佳的装订方式。

（3）骑马订。

骑马订是将内文各书帖及封面依先后顺序用骑马订的套帖方式配帖后，在书脊处打入 2 ～ 3 枚针钉，或像缝纫机那样踩线穿线后，再经三边裁切的装订方式。因为在套帖及打钉时，书帖是由中央处摊开上下叠，如同马鞍状，所以称为“骑马订”。骑马订是一种快速又经济的装订方式，多应用于页数不多或书脊厚度少于 5mm 的普通期刊、画册、简讯、产品目录。

（4）平订。

平订是将各书帖在上下相叠配帖完成后，在距离书背 4 ～ 6mm 处以铁线穿订，铁线由书的首页穿透书身从末页穿出，再予以折弯包夹固定书页，然后黏上封面，再经三边裁切完成。它是极便宜且坚固耐翻的装订方式。其应用范围较广，从二三十页到三四百页的书籍皆可装订，厚度可达 3cm。

（5）活页装订。

活页装是一种简单的装订形式。每张页面都可以较好地翻阅。与线圈装不同的是，活页装冲孔数量一般为 3 或 4 个孔。活页夹的材料有不锈钢和塑料两种可供选择，装订后可以任意增加或减少页面数量。活页夹适合报告书、账册资料等，使用非常方便。

另一种活页是由单个或多个螺丝钉与螺母配套成型的。单个版本只能单页单面呈扇形翻阅，螺丝容易因松动造成部分脱落现象。多个版本如资料合订本、会议材料或投标资料册等。

（6）线圈装。

线圈装也称 YO 圈装、O 形线圈装。双线圈就是预先设定好尺寸和规格的两股钢线圈，常见的材质分为喷塑钢圈和塑胶线圈两种。通常在印刷品的左边或上方打圆孔或方孔，双线圈穿过后利用 YO 圈装订机器压紧固定后整个装订程序完成。使用双线圈装订的画册，阅读时能够把任意一页完全摊平，非常便于阅读。

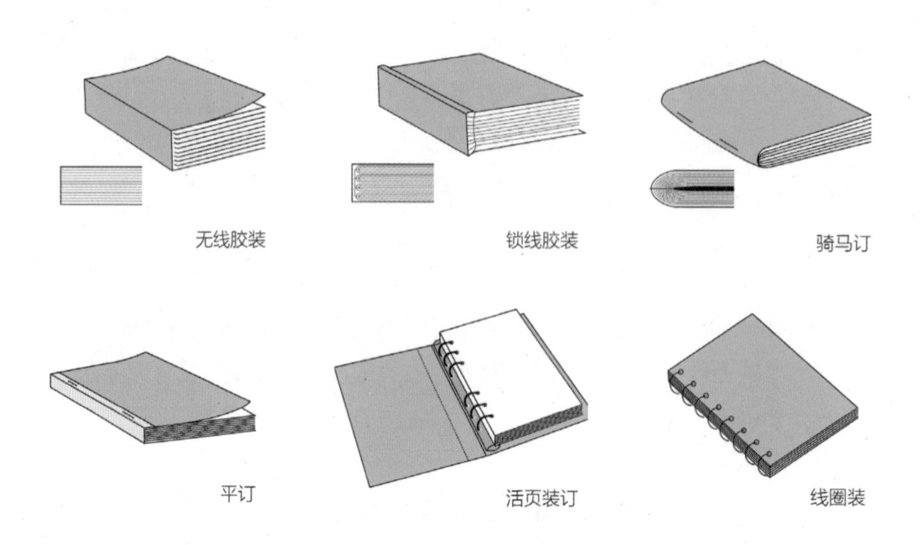

图 6-47 装订方式

书籍设计与装订方法并非要遵循固定模式，平面设计师根据印刷作品的内容进行了诸多具有新颖风格和鲜明特色的创意开拓，如近年来出版发行的书籍品种繁多，书籍装帧也随之推陈出新。形式上有左右装反装、折页装等，材料使用上也不断创新，包括艺术纸张、木质材料、金属型材、PVC 塑料等。

三、学习任务小结

通过本次课的学习，同学们已经初步掌握书籍装订的种类及特点，在进行书籍设计过程中，能更精确地向读者传递书籍内容。课后，同学们还要多加学习，除了熟练掌握书籍开本、书籍结构、装订方式，还要了解书籍版面设计、装帧材料、印刷工艺、成本估算等相关知识，并要通过多渠道收集一些好的书籍装帧作品，对其进行分析和思考，作为今后创作的资源。

四、课后作业

设计制作一本具有创意的书籍，内容自拟、形式不限。

要求：根据书籍传达的信息，认真思考书籍设计、开本、结构、装订、材料、工艺等方面问题。

纸盒加工

教学目标

（1）专业能力：能掌握纸盒包装结构的特点，结合不同纸张及纸品表面加工工艺的特性进行包装设计，制定纸盒包装印刷计划。

（2）社会能力：关注日常生活中所接触到的各类型纸盒包装，能对包装结构、纸张特性、印刷工艺等进行分析和思考。

（3）方法能力：信息和资料收集能力、案例分析能力、归纳总结能力，装订方式、纸盒加工的分析及提炼能力。

学习目标

（1）知识目标：了解纸盒包装结构，掌握纸盒包装结构设计制图，以及不同纸品和印刷工艺之间的关联性。

（2）技能目标：能够从优秀的包装设计案例中分析总结纸盒包装的工艺要点，在设计过程中，能根据产品的属性要求，从纸类的选择、纸品印刷表面加工等方面制定印刷计划，提高包装的保护作用，提升包装的观赏价值。

（3）素质目标：具备创造性思维能力和艺术表现能力，以及一定的语言表达能力；能够根据任务制定学习计划，培养时间观念。

教学建议

1. 教师活动

（1）教师通过向学生展示和分析各种商品包装案例，引导学生收集相关案例，并对案例的相关知识点进行分析，让学生了解纸盒结构、结构设计要点及印刷工艺流程，提高学生的直观认知。

（2）运用多媒体课件、教学图片、教学视频、商品包装实物展示等多种教学手段，分析并讲解纸盒加工的技术方法，鼓励学生对所学内容进行总结和概括。

2. 学生活动

（1）根据教师展示的相关商品包装案例分析，按要求分组收集与整理各种有特色的纸盒包装，讨论分析每个案例所采用的纸类及其表面加工工艺，并制作 PPT 进行汇报讲解，从而提升审美能力、分析能力和表达能力。

（2）突出学以致用的目标，学生在学习纸盒加工过程中掌握印刷工艺特点，能够对商品包装的结构、纸品印刷效果进行分析。

一、学习任务导入

很多商品都十分注重包装，因此需要更高的印刷技术和印刷效果来配合优秀的包装设计。纸盒包装设计是一项系统的工作，其中涉及的因素包含结构、材料、平面设计、制作工艺等。如图 6-48 所示。今天我们一起来学习纸盒的结构、纸包装结构设计制图以及印刷工艺流程等内容。

图 6-48 商品包装

二、学习任务讲解

1. 纸盒的结构

从结构造型上看，纸盒包装分为固定式结构和折叠式结构两种。固定式结构纸盒（图 6-49）形状固定，不能折叠，多用厚纸板经裱糊或装订而成，由于不能折叠，储运时占用空间较大，且易损坏，成本高，多用于易碎物品、贵重物品等的包装；折叠式结构纸盒（图 6-50）通常用较薄纸板折叠成盒，储运占用空间较小，成本低，适合量化生产。

纸盒结构要依据不同产品的包装要求而变化，因为要求各异，结构、形状、工艺不同，包装盒造型结构千变万化，很多细节往往没有固定标准，但掌握一些约定俗成的基础制图规范，可以降低错误率，提高工作效率。

常见的管式包装盒结构是反向插入式盒型，国际标准名称为“REVERSE TUCK END”，简写为“R.T.E”。这种盒型可以称为纸盒包装的鼻祖，是最原始的第一个盒型，如图 6-51 所示。另外，还有常应用于化妆品盒包装的笔直插入式盒型，国际标准名称为“STRAIGHT TUCK END”，简写为“S.T.E”。这种盒型的盒盖是从盒正面向盒背面盖，使纸盒的主要展示面（正面）保持完整性，使设计的内容可以延伸到盒盖，如图 6-52 所示。

图 6-49 固定式结构纸盒

图 6-50 折叠式结构纸盒

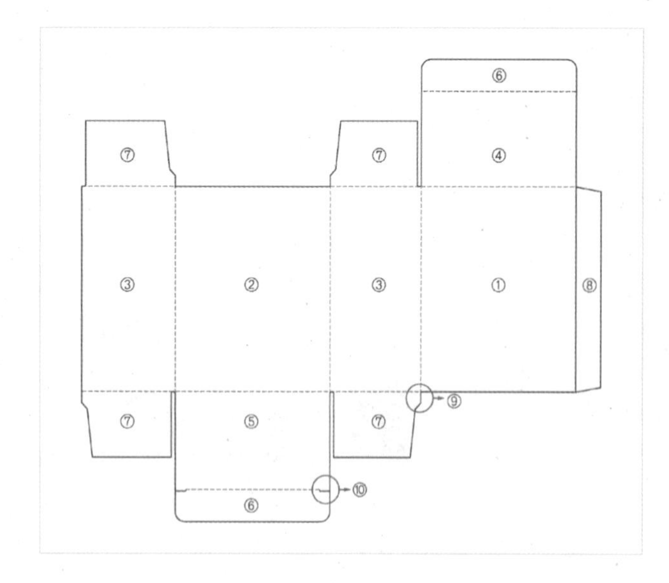

图 6-51 反向插入式盒型结构展开图

①正面；②背面；③侧面；④顶盖；⑤底盖；
⑥插舌；⑦防尘翼；⑧糊头；⑨公锁扣；⑩母锁扣

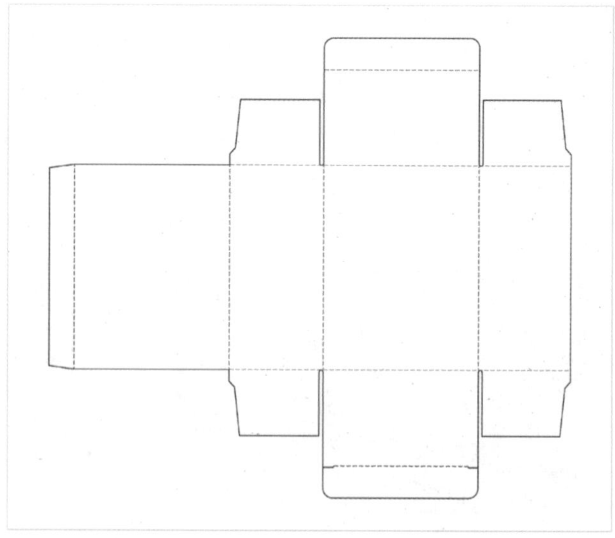

图 6-52 笔直插入式盒型结构展开图

2. 纸包装结构设计制图

（1）常用绘图符号。

掌握常用的纸盒包装结构设计中的一些绘图符号，有助于增强设计师对平面展开图的立体空间想象，更有助于印刷供应商对设计师设计意图的理解。如图 6-53 ~图 6-55 所示。

名称	线形参考	功能
粗实线		轮廓线、裁切线
双实线		开槽线
细实线		尺寸线
粗虚线		齿状裁切线
细虚线		内折压痕线
点画线		外折压痕线
双虚线		对折压痕线
点虚线		打孔线
波浪线		撕裂打孔线
阴影线		涂胶区域标注
圆点线		涂胶区域标注

图 6-53 常用绘图符号

图 6-54 齿状裁切线

图 6-55 撕裂打孔线

（2）结构设计要点。

纸盒结构设计不仅是制作一个立体的盒子，还涉及生产过程的工艺环节，包括纸盒的平面结构图、刀模制作、糊盒成型等，这些环节都应该在设计时就考虑周全。

①纸材厚度。

纸盒经折叠后，由于纸盒包装选用的纸材有一定的厚度，就会使相接的每个面互相顶角，影响包装盒外观。如防尘翼与盖之间，可根据使用的纸厚度，适当留出 0.5 ~ 1mm 的空隙，如图 6-56 ~图 6-58 所示。

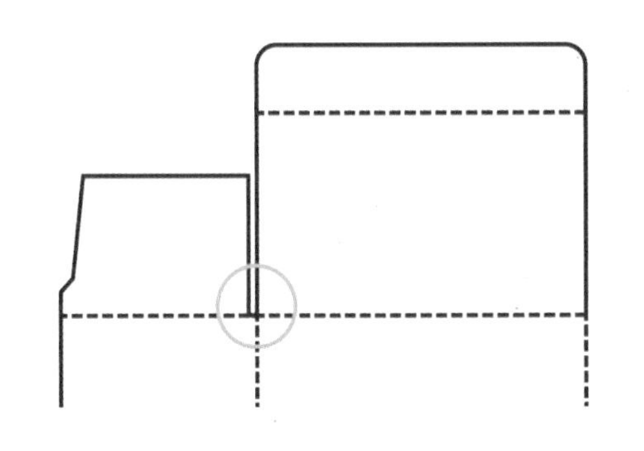

图 6-56 防尘翼与盖之间预留空隙

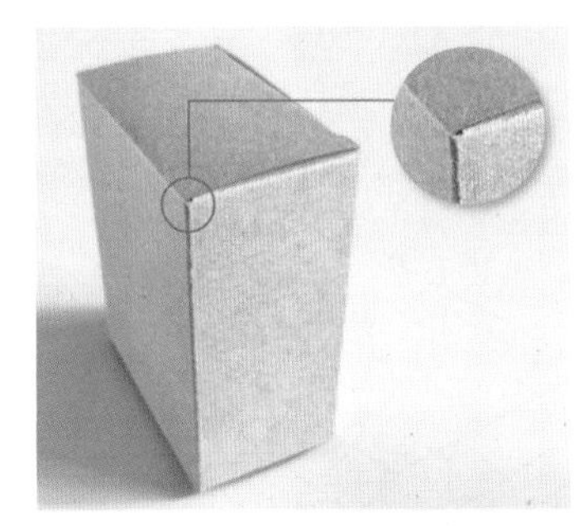

图 6-57 留出空隙的效果

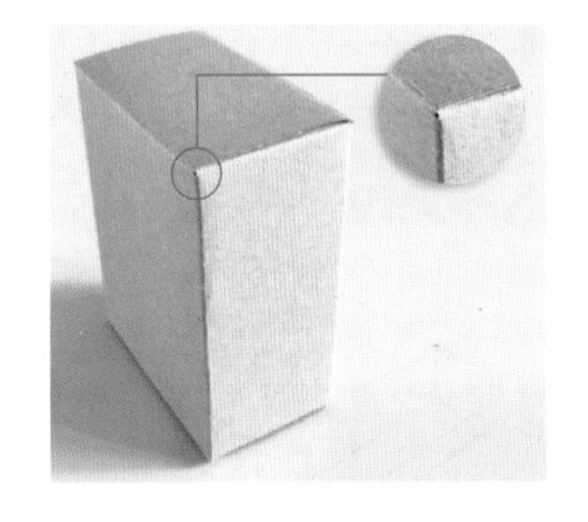

图 6-58 未留空隙的效果

为了不让纸板裁切后产生断面被人看到，影响产品美观，可以考虑将摇盖和舌盖设计为一体，然后做 45° 角的对折，如图 6-59 和图 6-60 所示。

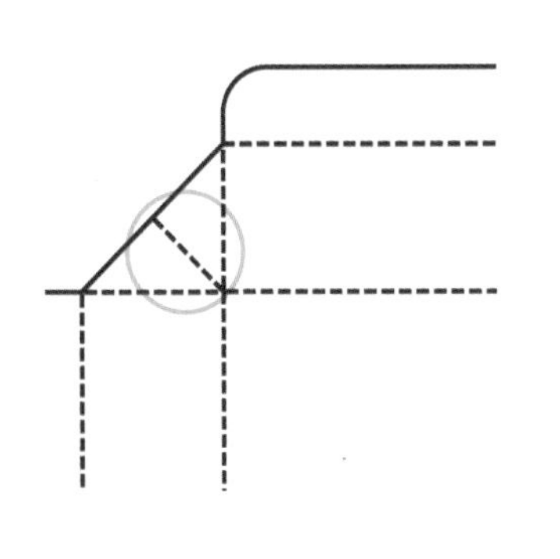

图 6-59 切口设计 1

图 6-60 切口设计 2

③盖与盒体的咬合关系。

纸张吸潮后会出现变形，影响最终盒型的美观，所以对于裁切好的卡纸，堆放时间不宜过长。由于纸是具有弹性的，如果摇盖没有咬合关系，盒盖会被轻易打开。通过对插舌处局部的切割（母锁扣），并在防尘翼根部做出相应的配合（公锁扣），就可以通过咬合关系有效解决稳固性问题，如图 6-61 和图 6-62 所示。

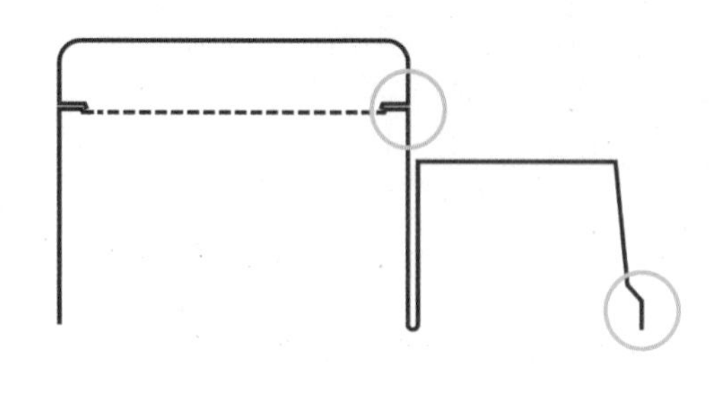

图 6-61 盖与盒体的咬合关系

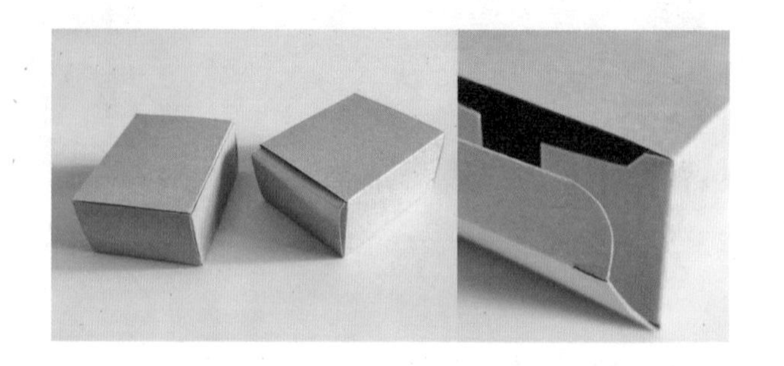

图 6-62 有锁扣和无锁扣

④糊头的放置。

在折叠过程中，纸盒的糊头、盖、插舌与盒体的插接贴合一定要严谨、坚固。如摇盖插舌与糊头要避免在插接时出现水平相接的状态，两者应保持垂直关系，这样才会使插舌顺利插入盒体，如图 6-63 和图 6-64 所示。

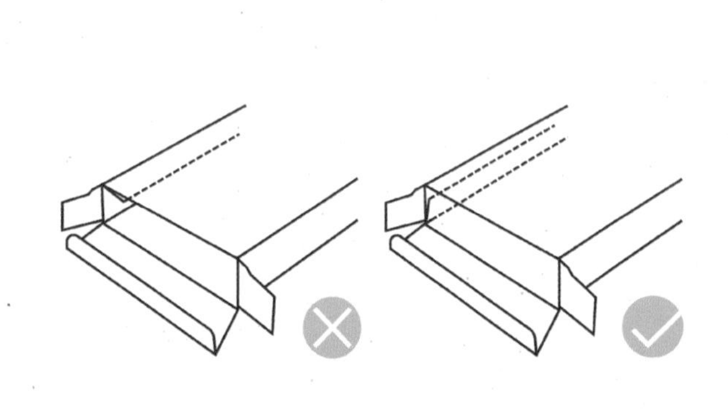

图 6-63 糊头的放置 1

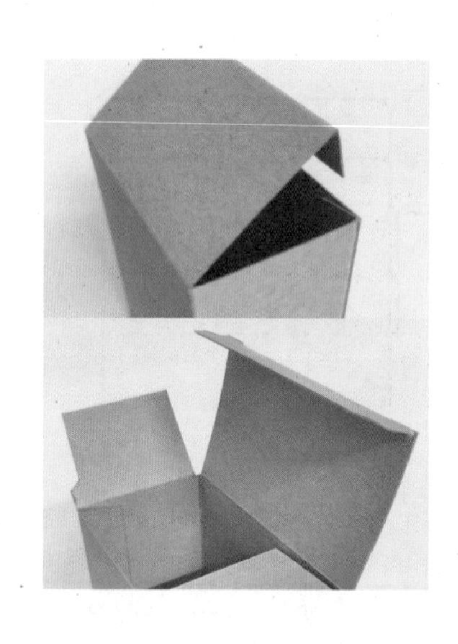

图 6-64 糊头的放置 2

⑤插舌的切割形状。

许多人在设计纸盒结构时将插舌处做斜线切割，这样会使摇盖易于插入盒体，但也会影响插合的牢固性，使包装盒起不到保护作用。正确的做法应该是在插舌两端约二分之一处做圆弧切割，使插舌两端垂直的部分（肩）与盒壁摩擦，从而使插接更加牢固。如图 6-65 和图 6-66 所示。

图 6-65 插舌斜线切割

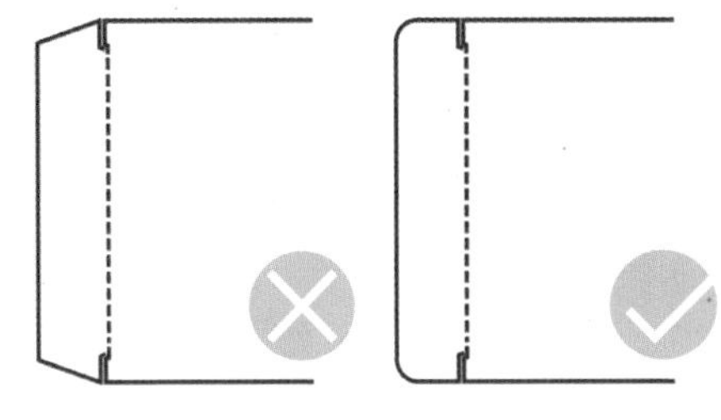

图 6-66 插舌的切割形状

⑥纸盒的固定。

在设计纸盒结构的同时，纸盒底部的结构设计是值得重视的，因为底部是承受载重、抗压力、防震动、防跌落等作用最大的部位。可根据商品的性能、大小、重量等正确选择盒底结构。纸盒在成型过程中不使用黏合剂，而是利用纸盒本身经过特别设计的锁口方式，使纸盒成型和封合。如图 6-67 所示。

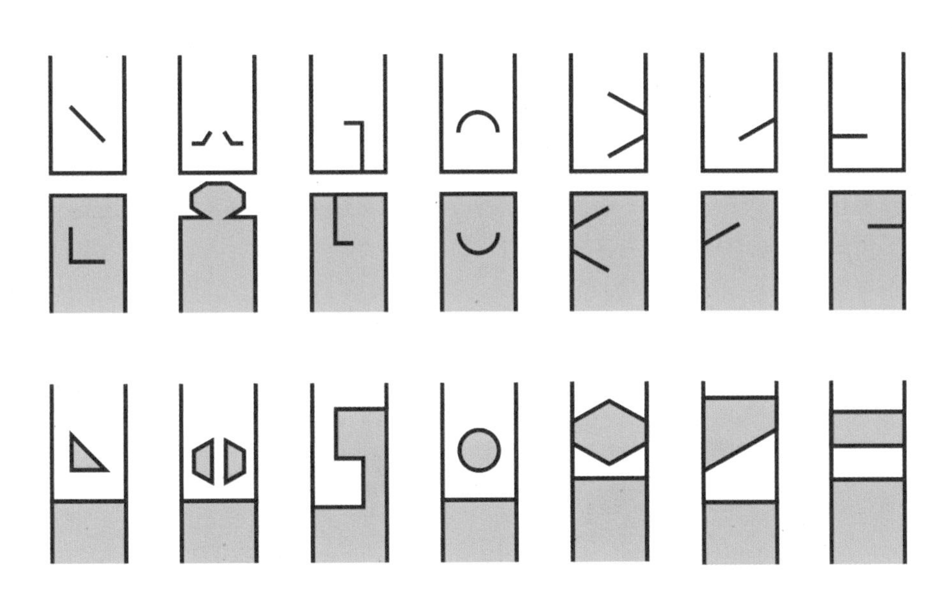

图 6-67 纸盒的固定

3. 纸盒包装常用纸

纸盒属于纸制品包装印刷中常见的包装种类，使用的材料有瓦楞纸、纸板、灰底纸、白卡以及特种艺术纸等，也有的用纸板或多层轻质压花木板与特种纸结合，以获得更牢固的支撑结构。

纸盒的使用材料方主要是纸板。一般把重量在 200 克以上或厚度大于 0.3mm 的纸称为纸板。纸板的种类有许多，其厚度一般为 0.3 ~ 1.1mm。

选用哪种类型的纸板，首先看其材质能否符合结构设计要求，能否承载产品在运输、储藏、展示过程中所需的强度。其次，要审查该类型纸板能否符合产品所需的品质要求，有的产品对包装物的材料性能有严格的要求，比如部分食品包装，选择的材料应符合食品安全标准。

为了响应绿色环保的要求，越来越多厂商选择废料或废纸加工的、可重复利用的纸板作为包装首选，印刷工艺和油墨也是符合绿色印刷标准的，如图 6-68 所示。

图 6-68 纸盒包装常用纸

4. 纸盒包装设计、制版、印刷工序流程

纸盒包装的生产过程包括纸盒结构设计、表面装潢设计、模切版制作、印刷、上光、压光、覆膜、烫印、模切压痕和糊盒等加工工序。如图 6-69 所示。

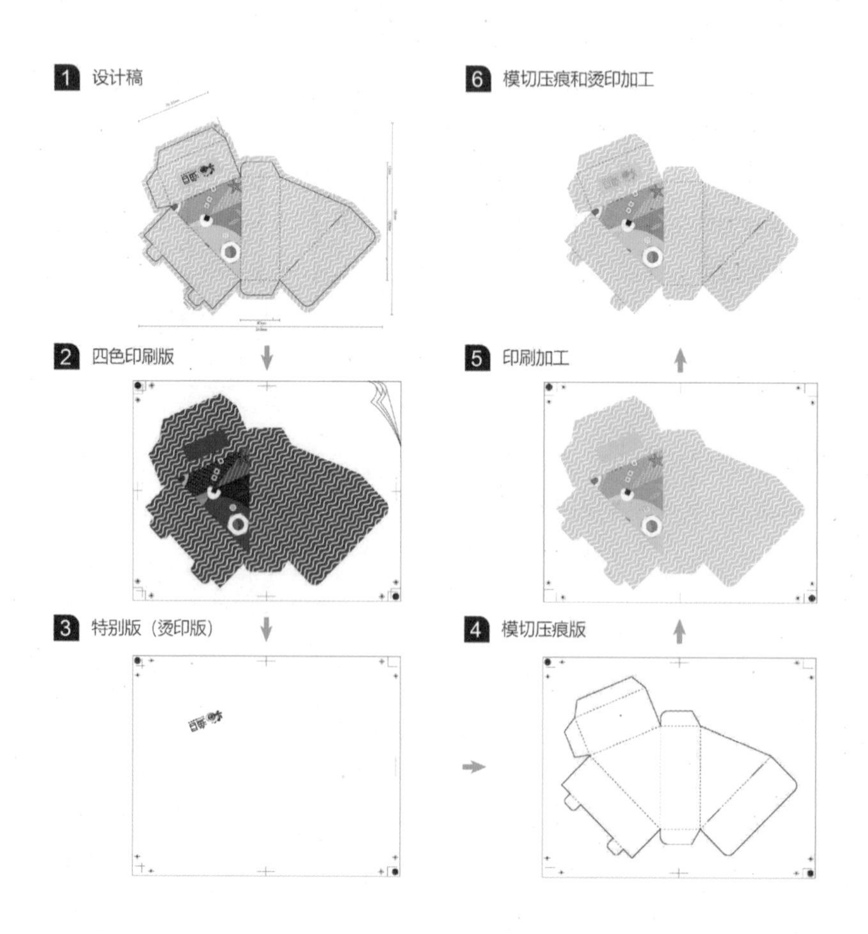

图 6-69 纸盒包装的生产过程图

（1）四色印刷版制作。

想要印出理想的包装盒，制版十分重要。印刷前先要制作版，即将 CMYK 四色分色到 PS 版上，再把分色版放进印刷机，印出所设计的图文信息。目前主流的制版为电脑制版，简称 CTP。如图 6-70 和图 6-71 所示。

（2）特别版制作。

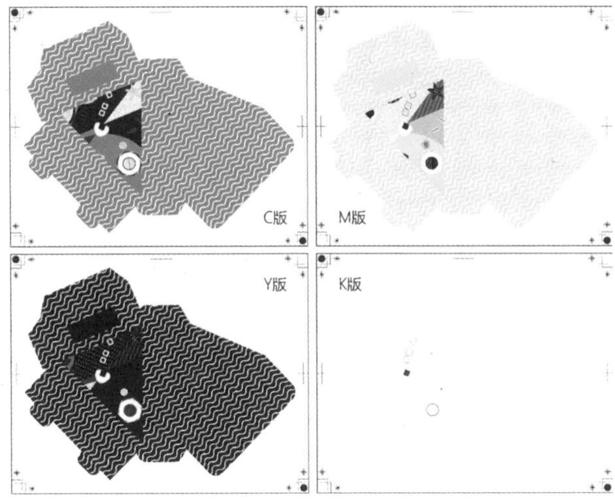

图 6-70 四色印刷版制作 1

图 6-71 四色印刷版制作 2

彩色纸盒印刷品通常由 C、M、Y、K 四个版组成，如有其他特别印后加工如上光、专色、烫金等需求时，就需要制作更多的版。烫银版如图 6-72 所示。我们在制作印刷稿的时候，也需要把特别版与四色稿分离出来，并标注说明所采用的工艺。如果只是单色纸盒的话，那只需要制作一个版就可以了。

（3）模切压痕版制作。

为制作纸盒模切版，首先要绘制模切图，不管是手工制版还是激光制版，都要先绘制模切图。通常设计人员在制作纸盒印刷稿的时候，会同时绘制一张“相对标准”的模切图。之所以称为相对标准，主要是因为很多设计人员对经过印后工序的印刷品产生的变化不太了解，模切图可能还需要对一些细节进行微调。例如经过印刷、覆膜、上光以及对裱等工序后，纸张会发生胀缩，其上印刷图案的位置和最初设计的理想位置会有一定的偏移，所以模切版制版人员需要拿到实际的待模切印刷品进行核对并修改，这样在模切过程中就减少了因为纸张胀缩引起模切精度不高的问题。模切压痕版如图 6-73 所示。

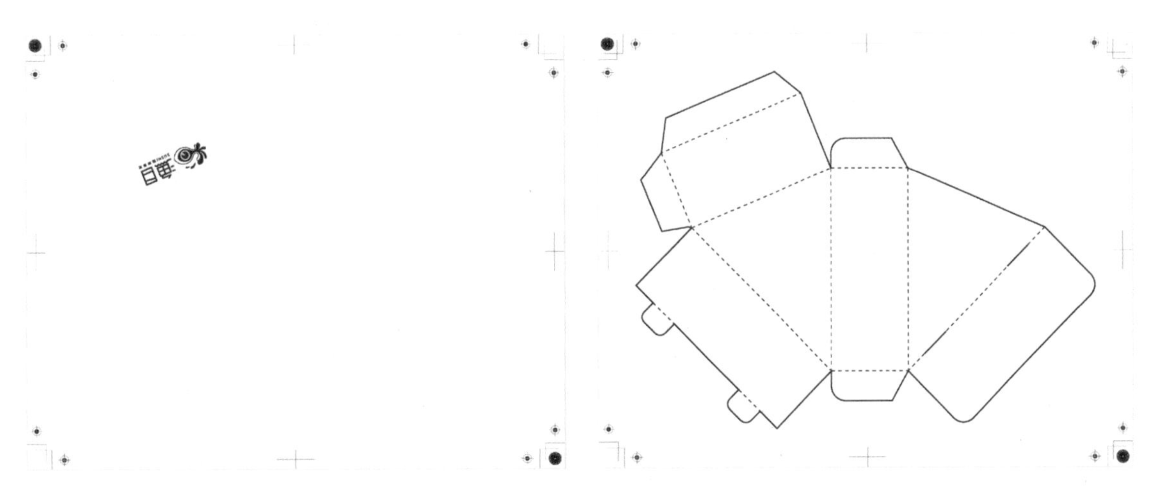

图 6-72 烫银版（特别版）

图 6-73 模切压痕版

（4）印刷加工。

纸盒印刷后，需要对印刷品表面进行处理，纸盒包装常见的是覆膜、上光、烫印等。如图 6-74 和图 6-75 所示。

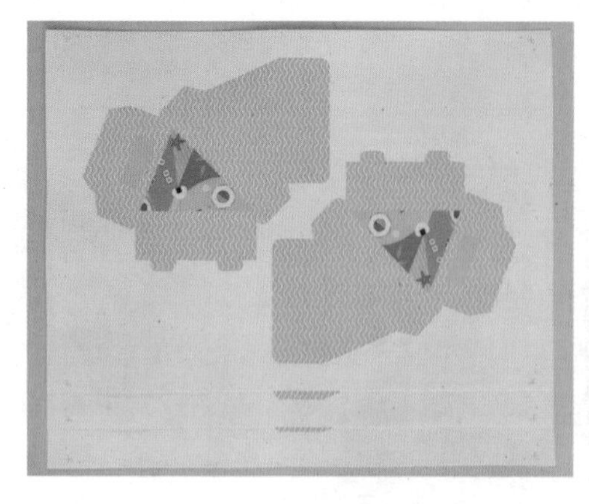

图 6-74 完成印刷

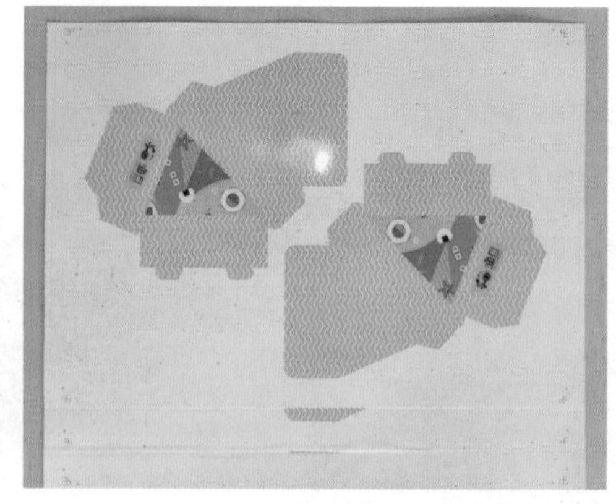

图 6-75 印刷完成后的覆膜、烫印

（5）模切压痕。

模切是把被模切的材料上不需要的部分去掉，主要由模切版上的模切刀来完成，如图 6-76 所示；压痕对纸盒起定型作用，由压线刀来完成的，如图 6-77 所示。因为模切和压痕往往是同时进行的，所以我们通常将模切压痕简称为模切。纸盒包装的模切是印后加工工艺里的必要环节，横切压痕对位不准，会直接影响纸盒的成型质量。

（6）糊盒加工。

糊盒加工是各种包装纸盒最后成型的一个非常重要的加工工序，是将经过模切压痕的盒坯制成盒子的工艺过程。如图 6-78 所示。糊盒一般是用热熔胶或胶水来黏合，但也有一些特殊结构的包装盒不需要黏合，只需借助纸张的特性通过折叠成型。

图 6-76 模切刀

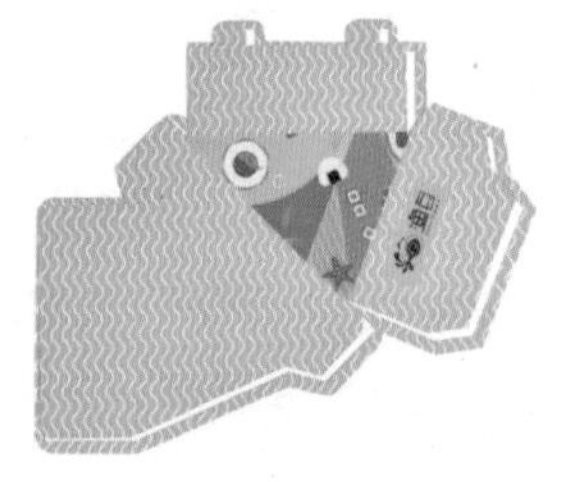

图 6-77 印刷加工后，模切压痕定型纸盒

图 6-78 糊盒加工

三、学习任务小结

通过本次课的学习，同学们已经初步掌握纸盒的基本结构及结构设计要点，并了解设计、制版、印刷的流程工序。在进行包装设计过程中，能使包装更好地保护商品，传递产品信息。课后，同学们还要多加学习，除了熟练掌握包装结构、绘图要点，还要了解包装设计要点、包装用纸、印刷工艺、成本估算等相关知识，并通过多渠道收集一些好的商品包装作品进行分析和思考，作为今后创作的资源。

四、课后作业

设计制作一个系列（不少于 3 个）的商品包装盒，产品自定。要求根据商品所要传达的信息，认真思考包装设计、纸盒结构、纸张材料、印刷工艺等方面问题。

项目七

承印材料概述

学习任务一 印刷常用纸张

学习任务二 其他承印材料

印刷常用纸张

教学目标

（1）专业能力：能认识印刷常用纸的种类及其性能特点，结合不同的印刷成品需求选择适合的纸材。

（2）社会能力：关注日常生活中所接触到的印刷品，能通过多渠道收集不同纸材印刷品的优秀案例，并能进行分析和思考。

（3）方法能力：信息和资料收集能力、案例分析能力、归纳总结能力，不同纸材的特性及优劣势的分析能力。

学习目标

（1）知识目标：了解印刷常用纸的相关知识，掌握各种纸材的特点与不同纸材的应用。

（2）技能目标：能够认识印刷常用纸，能分析每种纸材的印刷效果、应用范围，以及不同的纸材对印刷品质量的影响。在设计过程中，能根据设计需求选择合适的纸板。

（3）素质目标：具备创造性思维能力和艺术表现能力，以及一定的语言表达能力。

教学建议

1. 教师活动

（1）教师通过向学生展示和分析各种纸材，引导学生收集相关案例，并对案例的相关知识点进行分析，让学生更直观认识不同的纸材。

（2）运用多媒体课件、教学图片、教学视频、纸品印刷品实物展示等多种教学手段，分析并讲解不同纸材的应用范围、印刷效果，鼓励学生对所学内容进行总结和概括。

2. 学生活动

（1）根据教师展示的相关纸材、纸品印刷品案例，按要求分组收集与整理纸材及纸品印刷品，讨论分析每种纸材的特点和优劣势，并分析每个案例所采用的纸材及其印刷效果，制作 PPT 进行汇报讲解，从而提升分析能力和表达能力。

（2）突出学以致用的目标，学生在设计的训练过程中，能够对纸材的印刷效果、采用的印刷工艺有预判能力，并能在不断训练的过程中进行反思和分析。

一、学习任务导入

纸张是常用的承印物，是印刷环节中图文的载体。印刷品种类繁多，不同的印刷品要求使用不同的纸材，我们要对不同纸材的用途、性能、特点有充分的了解，以帮助我们在设计过程中能更加周到地选择纸材，并制定印刷计划，使印刷品更加多样，并能更好地留存。各类纸品印刷如图 7-1 所示。今天我们就一起来了解印刷的常用纸，以及学习纸张尺寸、开切的相关知识。

图 7-1 各类纸品印刷

二、学习任务讲解

1. 印刷常用纸

我们通常把薄纸称为纸张，把厚纸称为纸板。但为了与国外沟通信息、交流技术，现在按照国际标准组织的建议，把区别纸张与纸板标准的定量确定为 225 克 / 平方米。由于印刷常用纸的用途、种类及规格繁多，具体的要求以及印刷方式各有不同，必须根据使用、印刷工艺的要求及特点选用相应的纸。

（1）铜版纸。

铜版纸又称涂布印刷纸，是在原纸上涂布白色涂料，经过压光而制成的高级印刷纸。铜版纸有单面铜版纸、双面铜版纸。铜版纸表面光滑，白度较高，纸质纤维分布均匀，厚薄一致，伸缩性小，有较好的弹性以及较强的抗水性和抗张性，对油墨的吸收性与接受状态也较好。铜版纸主要用于印刷画册、封面、明信片、精美的产品样本以及彩色商标等，普通的宣传彩页一般使用 105 克和 157 克铜版纸居多，精美高档的宣传页一般使用 200 克或 250 克铜版纸。铜版纸如图 7-2 所示。

图 7-2 铜版纸及其印刷品

纸张克重是指每平方米纸张的重量，克重越高，纸张越厚，但有时候为了增加纸张的不透明度，会将纸张制作得蓬松，但其克重和压缩的纸张是一样的，只是厚度比较大。

（2）哑粉纸。

哑粉纸是铜版纸的一种，又称为“双面涂布哑光铜版纸”，表面无光泽，印刷之后更有质感，适合印刷精美彩页，但成本较高，如图 7-3 所示。

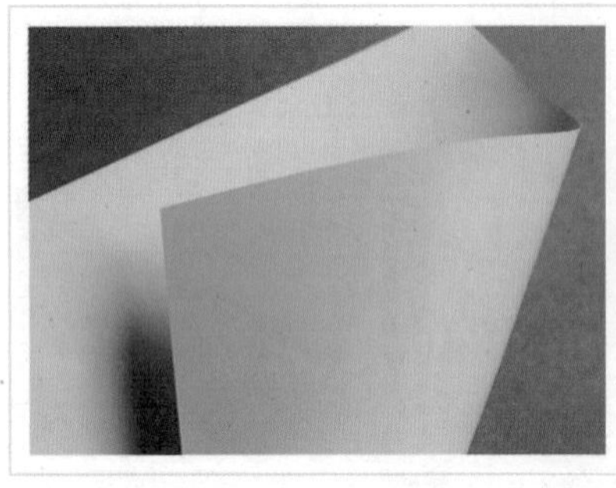

图 7-3 哑粉纸及其印刷品

（3）新闻纸。

新闻纸也称白报纸，是报刊及书籍的主要用纸，适用于报纸、期刊、课本、连环画等正文用纸。新闻纸的特点：纸质松轻、富有较好的弹性、吸墨性能好等，保证油墨能较好地固着在纸面上；纸张经过压光后两面平滑，不起毛，从而使两面印迹清晰而饱满；不透明性好；适合于高速轮转机印刷。新闻纸及其印刷品如图 7-4 所示。

新闻纸是以机械木浆（或其他化学浆）为原料生产的，含有大量的木质素和其他杂质，不宜长期存放。若保存时间过长，纸张会发黄变脆。

图 7-4 新闻纸及其印刷品

（4）胶版纸。

胶版纸分为单面胶版纸（简称单胶纸）和双面胶版纸（双胶纸），厚度一般在 60 ~ 120 克，也有 150 克的高克重双胶纸。低于 60 克的称为书写纸，适用于印刷表格、便签、说明书、书刊。胶版纸一般不作为画册封面使用，内页一般使用 100 克或者 120 克胶版纸，说明书内页一般使用 60 克、70 克、80 克胶版纸。胶版纸及其印刷品如图 7-5 所示。

（5）轻质纸。

轻质纸全称是轻型胶版纸，是国内图书印刷中常见的一种纸。它不含荧光增白剂，色泽洁白柔和，对视力有一定的保护作用。同时，轻质纸的质感和松厚度好，耐折，不透明度高，印刷适应性和印刷后原稿还原性好。轻质纸及其印刷品如图 7-6 所示。

图 7-5 胶版纸及其印刷品

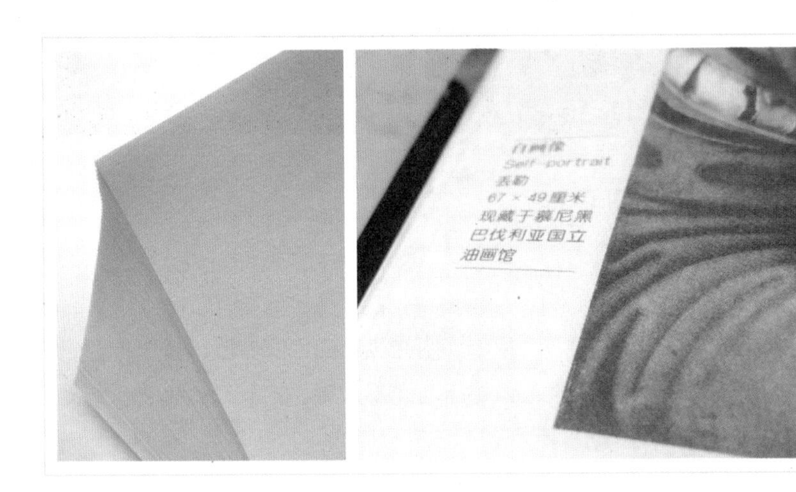

图 7-6 轻质纸及其印刷品

更重要的是，这种纸张在同样厚度的情况下比普通胶版纸更轻，用它印制的图书比用普通纸印制的图书重量约减少 30%，既方便读者携带，又节约了运输和邮购费用。

（6）白卡纸。

白卡纸也称双面白，表层和底层为白色，光滑平整，可双面印刷。白卡纸质地较坚硬，薄而挺括，用途较广，一般适用于高档包装盒、手提袋等。装订用白卡纸主要做软面书壳、平装封面、说明书、硬衬等。包装盒一般使用 250 克、300 克、350 克的白卡纸，较小的盒子也可以使用 200 克的白卡纸。厚度可根据实际用途选择。白卡纸及其印刷品如图 7-7 所示。

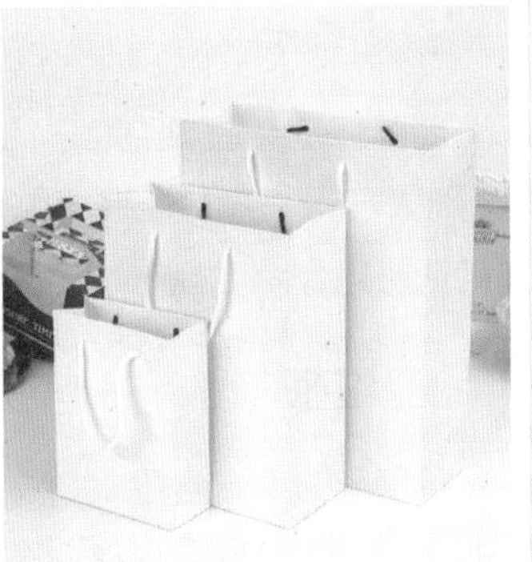

图 7-7 白卡纸及其印刷品

（7）灰卡纸。

灰卡纸分为双灰和单灰，表面较粗糙，挺度较差。双灰为双面灰色，一般不能印刷，只能作为内纸，并和能印刷的 157 克、200 克、250 克单粉卡或铜版纸裱起来使用。单灰纸为一面灰色，另一面为白色，白色可以印刷，一般彩盒采用 250 克、300 克、350 克灰卡纸。灰卡纸及其印刷品如图 7-8 所示。

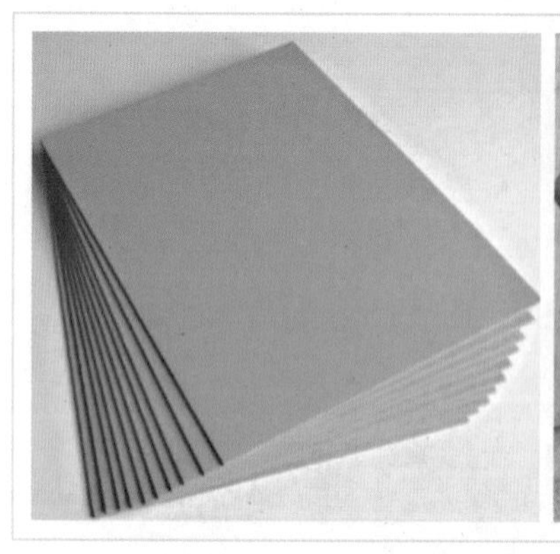

图 7-8 灰卡纸及其印刷品

（8）牛皮纸。

牛皮纸是一种坚韧耐水的包装用纸，半漂或全漂的牛皮纸浆呈淡褐色、奶油色或白色。牛皮纸多为卷筒纸，也有平板纸，具有很高的拉力，柔韧结实，耐破度高，能承受较大拉力和压力而不破裂。牛皮纸有单光、双光、条纹、无纹的区别，主要用于包装纸、信封、纸袋等，如图 7-9 所示。

图 7-9 牛皮纸及其印刷品

（9）瓦楞纸。

瓦楞纸是经过加工而形成的波形的纸黏合而成的板状物，一般分为单瓦楞纸板和双瓦楞纸板两类。瓦楞纸具有成本低、质量轻、强度大、印刷适应性优良、储存搬运方便等优点，80% 以上的瓦楞纸均可通过回收再生，瓦楞纸可用作食品或者数码产品的包装，相对环保，使用较为广泛。瓦楞纸及其印刷品如图 7-10 所示。

2. 纸张尺寸

印刷用的纸张一般分为卷筒纸和平板纸。卷筒纸是指在造纸时将纸张卷成圆筒状，适用于高速轮转机印刷，主要用于报纸和期刊。根据国家标准，卷筒纸的宽度尺寸为 1575、1562、1400、1092、1280、1000、1230、900、880、787（单位：mm）。卷筒纸如图 7-11 所示。

图 7-10 瓦楞纸及其印刷品

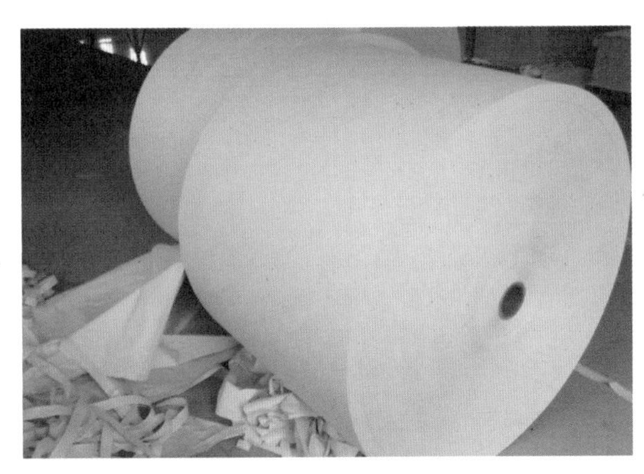

图 7-11 卷筒纸

平板纸俗称“单张纸”，是指经切纸机裁切为一定尺寸并经挑选后合格的单页纸，供平版印刷机使用。平板纸尺寸分国际标准和国内标准：国际标准称为大度纸，也称 A 类纸；国内标准称为正度纸，也称 B 类纸。平板纸及其尺寸如图 7-12 和图 7-13 所示。

图 7-12 平板纸

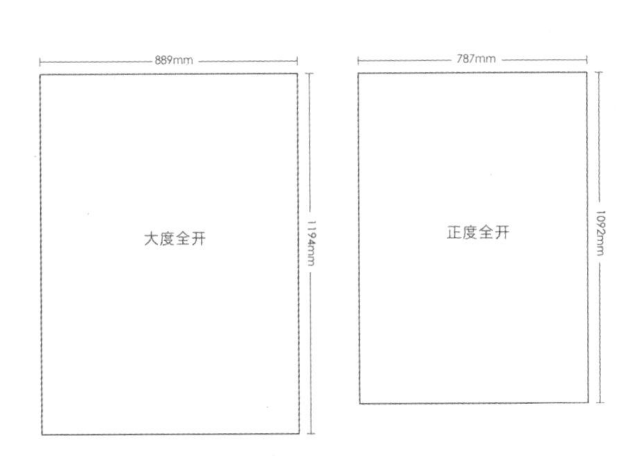

图 7-13 国际标准和国内标准平板纸尺寸

3. 纸张的开切

纸张的开切方法大致可分为几何级数开切法、直线开切法、纵横混合开切法三种。

（1）几何级数开切法。

几何级数开切法是一种较为常见的开切方法，即将全张纸对折后裁切，裁切后的纸张幅面称为半开或对开；再把对开纸对折，裁切后的幅面称为 4 开，依此类推。这是一种合理的、规范的开切法，用这种方法开切的纸张利用率 100%，比较经济合算，也便于用机器折页，但开数的跳跃性大，可选择性相对较差，如图 7-14 ~ 图 7-16 所示。

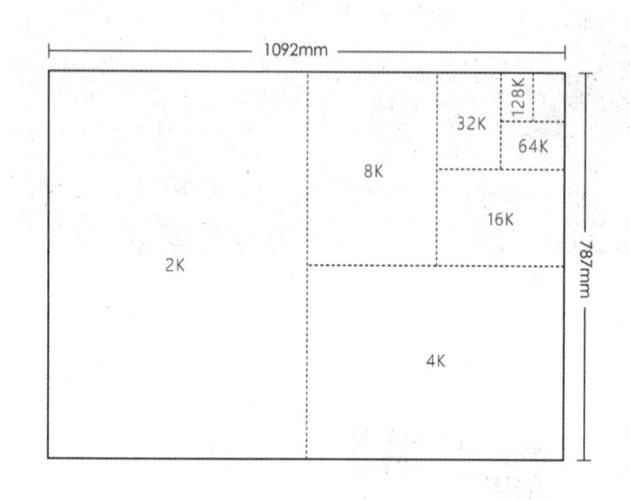

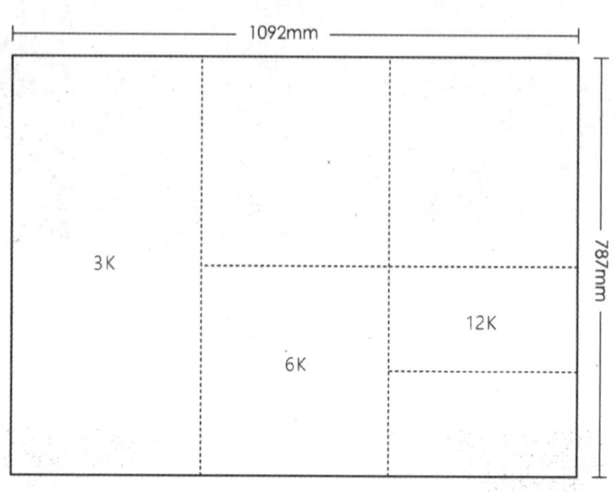

图 7-14 几何级数开切法

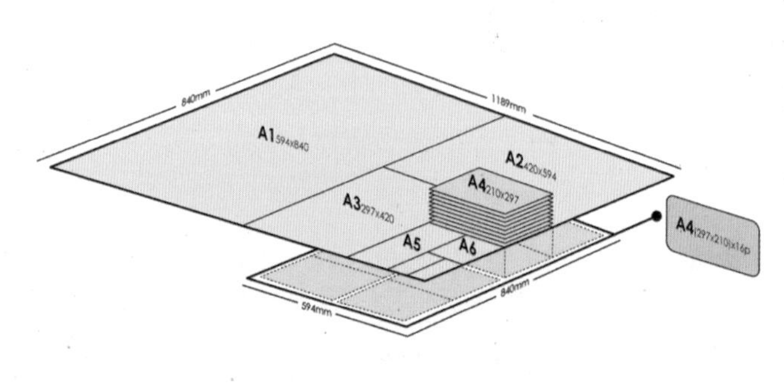

图 7-15 大度纸（A 类纸）开数裁切

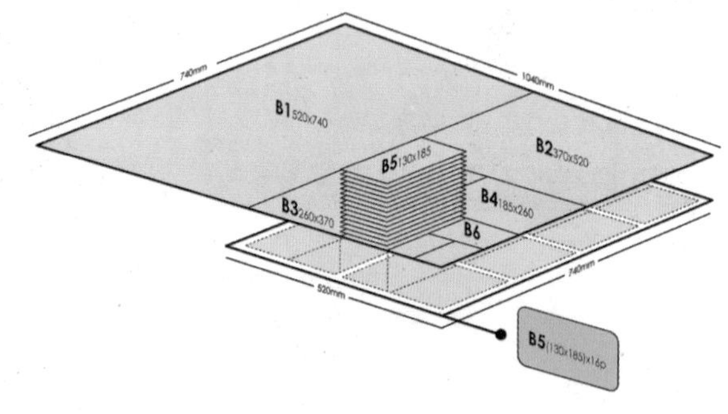

图 7-16 正度纸（B 类纸）开数裁切

（2）直线开切法。

直线开切法是将全纸按一个方向开切，即横向和纵向均按直线开切，可开出和几何级数开切法不同的 20 开、24 开、28 开、36 开等，如图 7-17 所示。这种开切法的优点是开数的选择相对较多；缺点是无法用机器折页，给印刷装订带来不便，而且某些开切数会形成单页，造成一定的浪费。

（3）纵横混合开切法。

纵横混合开切法即将全张纸根据需要裁切成两种以上的幅面，可根据需要任意搭配幅面，较为灵活，并且可以开切出异形开本，最大限度满足客户的需要。缺点是纸张会有一定的浪费，且印刷装订不便，制作成本较高，如图 7-18 所示。

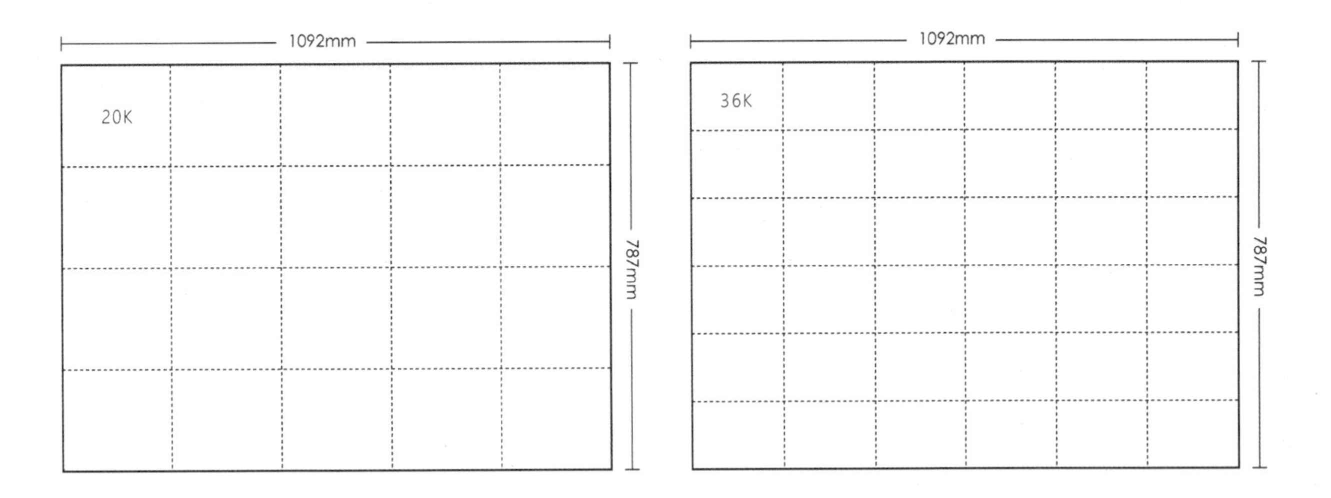

图 7-17 直线开切法

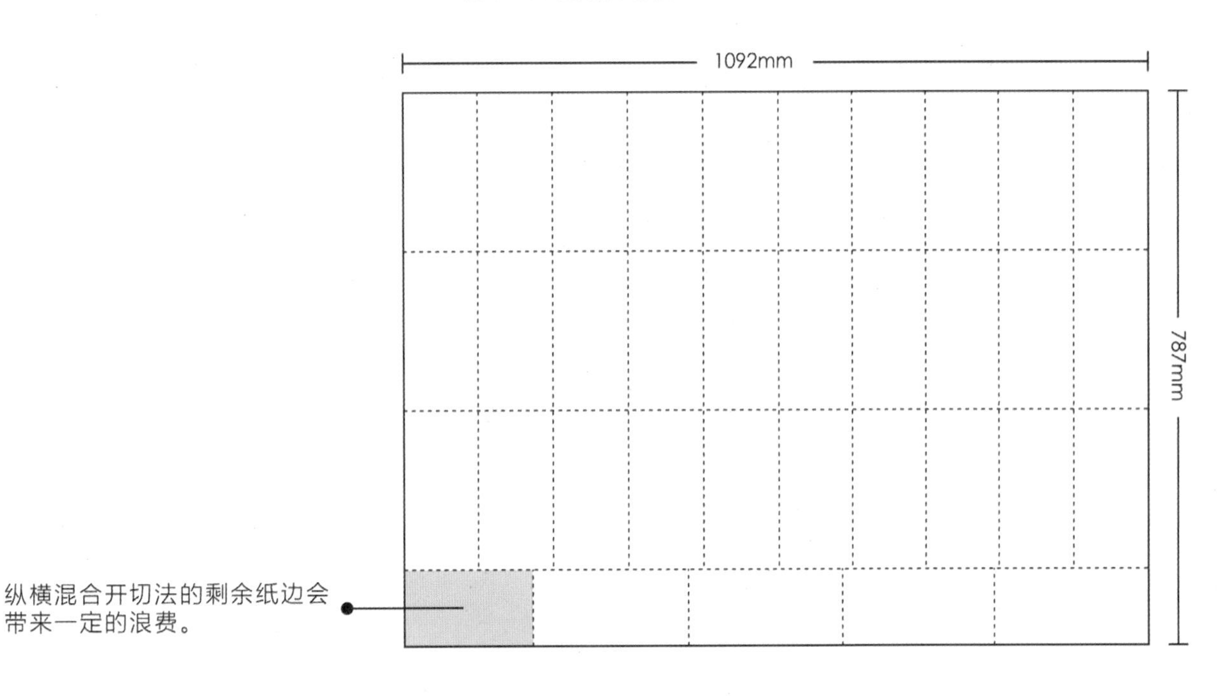

图 7-18 纵横混合开切法

三、学习任务小结

通过本次课的学习，同学们已经初步了解印刷常用纸的种类用途以及纸张开切方法。我们在平面设计过程中，尤其是在书籍装帧、包装设计中，应选择合适的纸张材料，结合纸张印刷表面加工工艺，提高印刷品留存性、保护性以及观赏性。课后，同学们还要多加学习，不断开阔视野，了解更多纸材及其特性。并通过多渠道收集一些好的印刷作品进行分析和思考，作为今后创作的资源。

四、课后作业

（1）自主补充学习纸张的开切方法：尝试画出不同的 2 开、3 开、4 开、6 开、8 开图例。

（2）完成一张宣传折页设计，主题自定。要求用 8 开折叠成 32 开，设计时注意折叠的方式、方向，注意设计元素的排版位置。

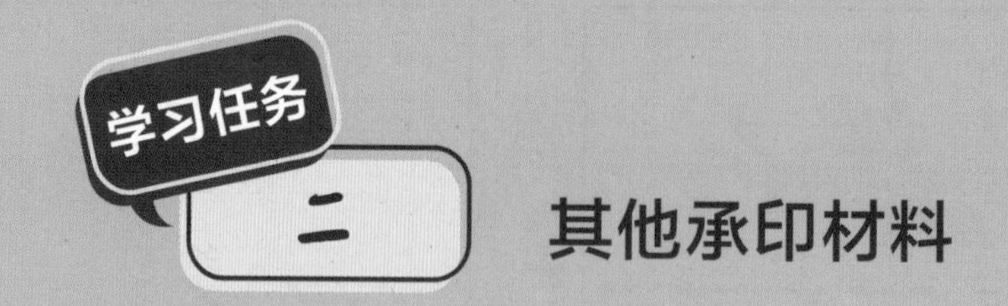

其他承印材料

教学目标

（1）专业能力：能认识除印刷常用纸外的其他承印材料的种类及其性能特点，结合不同的印刷品需求，选择适合的材料。

（2）社会能力：关注日常生活中所接触到的各类印刷品，能通过多渠道收集采用不同承印材料印刷品的优秀案例，并能进行分析和思考。

（3）方法能力：信息和资料收集能力、案例分析能力、归纳总结能力，不同承印材料的特性及优劣势的分析能力。

学习目标

（1）知识目标：了解何为承印材料，掌握各种材料的特点与不同材料的应用。

（2）技能目标：能够认识各种常用承印材料，分析每种材料的印刷效果、应用范围，以及不同的材料对印刷品外观、附加价值等方面的影响。并在设计过程中，能根据设计需求选择合适的承印材料。

（3）素质目标：具备创造性思维能力和艺术表现能力，具备一定的语言表达能力。

教学建议

1. 教师活动

（1）教师通过向学生展示和分析各种承印材料，引导学生收集相关案例，并对案例的相关知识点进行分析，让学生更直观地认识各种承印材料。

（2）运用多媒体课件、教学图片、教学视频、各种承印材料印刷品实物展示等多种教学手段，分析并讲解不同材料的应用范围、印刷效果，鼓励学生对所学内容进行总结和概括。

2. 学生活动

（1）根据教师展示的相关承印材料印刷品案例，按要求分组收集与整理各类材料印刷品，讨论分析每种材料的特点，并分析每个案例所采用的材料及其印刷效果，制作 PPT 进行汇报讲解，从而提升分析能力和表达能力。

（2）突出学以致用的目标，学生在设计的训练过程中，能够对不同材料的印刷效果、采用的印刷工艺有预判能力，并能在不断训练的过程中进行分析。

一、学习任务导入

承印材料包括了自然界中存在着的所有能够保证色料在其表面上呈现稳定图文的各种物料，如图 7-19 所示。承印材料的种类繁多，为了使印刷品能呈现更多样性的效果，提高印刷品的附加价值，我们要对不同承印材料的性能、特点及印刷成本有充分的了解，在制定印刷计划时，选择合适的材料。今天我们就一起来了解印刷的其他常用承印材料。

图 7-19 各类承印物印刷品（木料、玻璃、金属、亚克力）

二、学习任务讲解

1. 其他常用承印材料

除纸张外，还有很多材料可以应用到印刷中，如塑料、金属、木料、皮革、织物等材料，都作为特殊承印物广泛应用到设计中。只要承印材料和印刷工艺搭配得当，不仅能满足设计师的设计意图，还能制作出富有创意的印刷品。

（1）木料。

木料承印物在印刷中非常常见，相较于塑料与金属等现代工业化气息浓厚的承印物，木质材料具有源于自然、纹理舒展、质地柔润、干净淳朴的特点。很多设计师都喜欢采用木料作为设计元素，提升设计的档次。尤其是在一些高端的产品包装、精装书籍中，更是彰显了产品独特的韵味。

同时，木料因为有加工容易、材料利用率高、运输储藏便利的特点，广泛应用于各个设计领域。薄的木质材料可采用平版印刷，厚的板材则可使用丝网印刷、烫印，如图 7-20 ~图 7-22 所示。

图 7-20 木料 1

图 7-21 木料 2

图 7-22 木料 3

（2）金属。

除塑料外，金属也是一种重要的非纸类承印物，俗称铁皮印刷，主要有金属板、金属成型制品及金属箔等硬质材料。金属材料遮光性能强，能有效避免太阳光和紫外线直接辐射造成的影响。金属板非常轻薄，但仍能维持高抗压性能，易于运输储藏。金属制品能有效阻隔水、气、灰尘等，对物品的密封保护能力优越。因此，金属承印物被广泛应用于商品包装设计。为了引起消费者的购买欲望，提高商品的销售价值，包装作为促销手段之一，应有新颖的设计和精美的印刷，这样，金属承印物就显得更加重要了。金属承印物一般采用丝网印刷或者胶印印刷，如图 7-23 ~图 7-25 所示。

图 7-23 金属 1

图 7-24 金属 2

图 7-25 金属 3

（3）塑料。

塑料具有一定的强度和弹性，抗拉、抗压、抗冲击、抗弯曲性能好，并且防潮、轻便，价格具有竞争力等。综上特点，塑料是不错的承印材质。但塑料制品也具有诸多缺点：回收时，分类十分困难，而且经济上不划算；耐热性能较差，易老化；埋在地下时，长时间不会腐烂，无法自然降解；在印刷上也有一定的难度，吸油墨性差，图片的还原性不强。塑料承印物一般采用平版印刷、凹凸版印刷、丝网印刷及烫印，如图 7-26 ~图 7-30 所示。

图 7-26 塑料 1

图 7-27 塑料 2

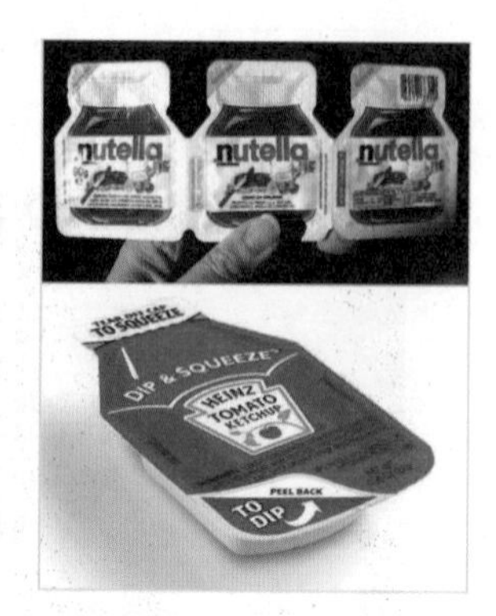

图 7-28 塑料 3

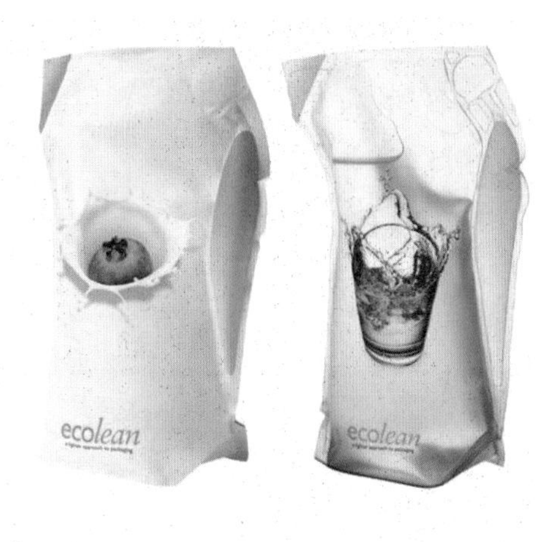

图 7-29 塑料 4

图 7-30 塑料 5

（4）皮革。

皮革按制造方式主要分为真皮、再生皮、人造革、合成革。其表面有一种特殊的粒面层，纹路自然，平整细腻，具有光泽，手感舒适，可轻柔绵软，也可厚重硬实，可如水般丝滑，也可如麻般粗糙。与塑料、金属或者织物材质相比，皮革具有与生俱来的朴实感，极具包容性。因此，皮革也常被设计师应用于各种高端包装、礼品、工艺品或书籍装帧，如图 7-31 ~图 7-33 所示。皮革材料加工工艺复杂，一般采用印花、丝网印刷、烫印或镂空的方式来处理。

图 7-31 皮革 1

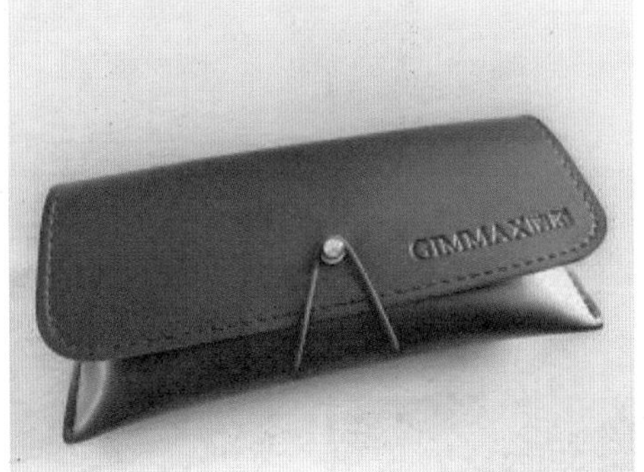

图 7-32 皮革 2

图 7-33 皮革 3

（5）玻璃和陶瓷。

玻璃和陶瓷都具有历史悠久、造型自由、密封性能优异、防潮防压、品种花色多样、耐酸碱等化学性能稳定的特点，通常应用于酒精、非酒精饮料包装。一般采用丝网印刷，如图 7-34 ~图 7-38 所示。

（6）织物。

织物印刷也叫织物印花，是指在织物上以各种印刷方法形成图案的工艺过程。织物主要材料有棉、丝、麻等，一般采用凹版、烫印和丝网印刷，如图 7-39 ~图 7-41 所示。

图 7-34 陶瓷

图 7-35 玻璃 1

图 7-36 玻璃 2

图 7-37 玻璃 3

图 7-38 玻璃 4

图 7-39 织物 1

图 7-40 织物 2

图 7-41 织物 3

织物印刷的特殊手感和工艺效果能给设计师带来更多的创意灵感，但在选择织物材料时，应充分考虑材料特性对印刷成品质量的影响。如棉布、丝织品缩水性较强，应用于印刷时，如果不进行防缩处理，就会出现严重的质量问题，如用作书籍封面，会出现书壳翘曲不平、图案变形等。织物材料朴素、庄重、高雅大方，多用于高档的产品包装、书籍装帧。

特殊承印物的种类、规格、重量、色彩及质地各不相同。大多数平面设计作品的诞生往往需要承印材料和印刷工艺的合理搭配，才能制作出完整、富有创意的设计作品。特殊承印物的选择，除决定印刷品的质感外，对印刷成品的品质效果也起着举足轻重的作用。

三、学习任务小结

通过本次课的学习，同学们已经初步了解除了纸材以外的其他常用承印材料，以及这些材料通常采用的印刷工艺和效果。我们在平面设计过程中，包装设计所采用的材料广泛，除本章中提及的材料外，还有很多特殊材料，这些特殊材料往往能提升整个设计的价值。课后，同学们要多加学习，不断开阔视野，了解更多材料及其特性，并通过多渠道收集一些好的印刷作品进行分析和思考，作为今后创作的资源。

四、课后作业

每位同学收集不同特殊承印材料的印刷物品，并对其采用的材料、印刷工艺、所起的作用（如装饰作用等）进行分析，制作 PPT 进行展示与汇报。

参考文献

[1] 齐福斌 . 柔版印刷及其发展 [J]. 中国印刷物资商情，2002(11):12-15.

[2] 庄景雄 . 印前 · 输出 · 印刷 [M]. 广州：岭南美术出版社，2003.

[3] 冯瑞乾 . 印刷概论 [M]. 北京：印刷工业出版社，2004.

[4] 王言升，姜竹松 . 印刷工艺与设计 [M]. 南京：南京师范大学出版社，2011.

[5] 张孟 . 柔性版印刷 [J]. 上海包装，2012(4):41-45.

[6] 雷俊霞 . 书籍设计与印刷工艺 [M].2 版 . 北京：人民邮电出版社，2015.

[7] 王利婕 . 印刷工艺 [M]. 北京：中国轻工业出版社，2016.

[8] 善本出版有限公司 . 印刷的魅力 色彩模式与工艺呈现 [M]. 北京：人民邮电出版社，2018.